2023—2024 年中国工业和信息化发展系列蓝皮书

2023—2024 年
中国网络安全发展蓝皮书

中国电子信息产业发展研究院　**编著**

朱　敏　**主编**

温晓君　**副主编**

电子工业出版社

Publishing House of Electronics Industry

北京·BEIJING

内 容 简 介

本书概述了 2023 年全球及中国网络安全发展状况，梳理了中国网络安全重要政策文件、法律法规、标准规范及热点事件，剖析了人工智能、量子计算、第五代移动通信技术、云计算、物联网等新兴领域面临的网络安全问题及全球的经验与做法，分析了网络安全细分产业链条及市场格局，展望了网络安全发展趋势。全书分综合篇、政策法规篇、专题篇、行业篇、热点篇和展望篇，共 22 章，展现了中国电子信息产业发展研究院对网络安全态势的总体理解，以及对网络安全问题和趋势的深入洞察力。

图书在版编目（CIP）数据

2023—2024 年中国网络安全发展蓝皮书 / 中国电子信息产业发展研究院编著 ；朱敏主编. -- 北京 ：电子工业出版社，2024. 12. --（2023—2024 年中国工业和信息化发展系列蓝皮书）. -- ISBN 978-7-121-49392-8

Ⅰ．TP393.08

中国国家版本馆 CIP 数据核字第 2024H7L265 号

责任编辑：秦　聪
印　　刷：中煤（北京）印务有限公司
装　　订：中煤（北京）印务有限公司
出版发行：电子工业出版社
　　　　　北京市海淀区万寿路 173 信箱　邮编：100036
开　　本：720×1 000　1/16　印张：13.25　字数：265 千字　彩插：1
版　　次：2024 年 12 月第 1 版
印　　次：2024 年 12 月第 1 次印刷
定　　价：218.00 元

凡所购买电子工业出版社图书有缺损问题，请向购买书店调换。若书店售缺，请与本社发行部联系，联系及邮购电话：（010）88254888，88258888。

质量投诉请发邮件至 zlts@phei.com.cn，盗版侵权举报请发邮件至 dbqq@phei.com.cn。

本书咨询联系方式：（010）88254568，qincong@phei.com.cn。

前 言

网络安全是网络强国和数字中国建设的核心内容之一，是推进国家安全体系和能力现代化的必然要求，也是构建新发展格局、推进高质量发展的有力保障。党中央、国务院高度重视网络安全，坚持统筹发展和安全，指出"网络安全牵一发而动全身""没有网络安全就没有国家安全"，对网络安全工作做出一系列新部署新要求。中国网络安全法规制度、产业发展、人才培养等工作稳步推进，关键信息基础设施安全防护和数据安全治理能力持续提升。

当前，世界变革加速演进，新一轮科技革命和产业变革带来新的战略机遇，同时伴随着全球信息化、数字化、智能化浪潮的深入推进，网络安全威胁和风险日益突出，网络空间国际对抗态势进一步升级，安全形势日益严峻、复杂多变，给国家安全和社会发展带来挑战。

2023年，全球网络安全风险持续加剧，多个国家和地区纷纷采取措施加强网络安全管理力度。从隐患层面看，勒索软件攻击、分布式拒绝服务攻击呈快速上升趋势，各国政府机构及金融、能源等关键信息基础设施成为重要攻击目标，造成网络或系统中断、数据被窃取、高额经济损失等危害；人工智能生成内容等人工智能技术被用来实施虚假信息生成和传播、网络诈骗、网络谣言等活动，在侵害个人和组织合法权益的同时，对国家安全和社会稳定构成危害；人工智能技术还越来越广泛地被用于网络攻击活动，衍生出人工智能数据隐私攻击、大模型窃取攻击等多种攻击方式；尤其值得关注的是，地缘政治紧张局势的升级越来越多地映射到网络空间，围绕网络颠覆性技术、网络空间数据等的国际争夺日趋激烈，一些国家支持的网络间谍、网络攻击等行动破坏全球关键信息基础设施的稳定性。从管理措施层面看，多个国家加快出台或更新网络安全战略、完善网络安全管理架构、建立网络安全防护标准、推进零信任理念落地、强化国际合作等，如美国于 2023 年先后发布新版《国家网络安全战略》《2023 年美国国防部网络战略》《2024—2026 财年网络安全战略规划》《国家网络安全战略实施计划》，强化顶层设计、明确网络安全实施路线；中国加快《关键信息基础设施安全保护条例》《中华人民共和国个人信息保护法》《中华人民共和国网络安全法》《中华人民共和国数据安全法》等法律法规的配套规章、标准、指南的制定工作，进一步落实关键信息基础设施重点保护、数据分类分级保护、个人信息保护等制度，加强金融、能源、工业和信息化、交通运输等行业网络安全保护工作，促进网络安全、数据安全等产业发展。

中国网络安全工作取得显著成绩，安全形势总体稳定，但需关注以下几方面的安全风险和趋势。从国际环境看，网络空间国际对抗不断加剧，美国将进一步泛化"国家安全"概念，采取法律、经济、外交等多种手段对中国人工智能、量子信息等前沿新兴技术发展实施打压；针对中国网络空间的薄弱环节，美国等国家对中国科研机构、军工单位、科技领头企业以及金融、能源等关键信息基础设施采取网络行动，隐匿性更强、持续性更久、波及范围更大，对中国网络安全和国家安全构成严重威胁。从国内发展看，中国加快推进数字化转型，新技术、新应用、新模式不断涌现，网络的开放互联和数据的多方流转，给网络安全带来新挑战；中国加快推进数据要素市场化，数据供给、流通和使用的各个环节都面临新的安全风险，如数据集中汇聚增加了数据的被攻击面、数据在交易流通中可能被转卖或非法利用等；以获取经济利益为目的的勒索软件、供应链攻击、社会工程等网络攻击技术和手段不断演进。从技术发展看，人工智能、量子计算、卫星通信等新兴技术潜能巨大，但安全风险也不容忽视，如人工智能存在被恶意利用、实施武器化攻击、道德和伦理缺失等风险，量子计算对传统密码体系构成威胁等。

基于上述考虑，中国电子信息产业发展研究院编著了本书，概述了2023年全球及中国网络安全发展状况，梳理了中国网络安全重要政策文件、法律法规、标准规范及热点事件，剖析了人工智能、量子计算、第五代移动通信技术（以下简称5G）、云计算、物联网等新兴领域面临的网络安全问题及全球的经验与做法，分析了网络安全细分产业链条及市场格局，展望了网络安全发展趋势。全书分综合篇、政策法规篇、专题篇、行业篇、热点篇和展望篇。

综合篇，总结分析了 2023 年全球及中国网络安全发展状况，包括主要进展、发展特点和主要问题；

政策法规篇，梳理了 2023 年中国网络安全重要政策文件、法规规章和标准规范，介绍了出台背景和主要内容，并进行政策评析；

专题篇，选取人工智能安全、5G 安全、云计算安全、数据安全、物联网安全、工业互联网安全、车联网安全、区块链安全、量子安全 9 个领域，介绍了基本概念内涵，梳理了全球的经验及做法，分析了面临的主要问题和挑战；

行业篇，分析了信息安全产品及服务、网络可信身份服务、电子认证服务 3 个细分行业的概念内涵、市场格局和产业链进展；

热点篇，从网络攻击、数据与信息泄露、新技术应用安全 3 个角度，梳理了 2023 年的热点事件，并进行了事件评析；

展望篇，梳理了主要研究机构对 2024 年网络安全的预测性观点，对 2024 年网络安全发展形势进行总体分析，并对重点领域、重点行业发展进行展望。

中国电子信息产业发展研究院

目 录

综 合 篇

政策法规篇

专 题 篇

行 业 篇

热 点 篇

展 望 篇

综合篇

第一章

2023 年全球网络安全发展状况

　　网络安全牵一发而动全身，与其他领域安全相互交融、相互影响，已经成为最复杂、最现实、最严峻的非传统安全问题之一。随着人工智能、量子科技、大数据等新一代信息技术的高速发展，网络攻防逐步进入智能化对抗时代，全球数据泄露、勒索软件攻击、分布式拒绝服务攻击等网络安全事件频发，给国家网络安全带来新的严峻挑战。2023 年，全球多个国家和地区纷纷发布、更新国家安全战略或基础性立法，强化网络安全保障顶层设计，重点加强关键信息基础设施和数据安全保护，积极防范新技术新应用安全风险，多维度构建坚实的网络空间安全保护屏障。

第一节　网络安全顶层设计不断加强

　　网络安全是国家安全的重要组成部分，是关乎长远、关乎未来、关乎全局的重大战略问题。为更好地应对复杂多变的网络安全隐患，进一步筑牢国家网络安全屏障，多个国家和地区于 2023 年密集出台战略政策文件，持续推进法律法规体系建设，更新优化技术标准，推动顶层设计不断升级完善。

一、国家网络安全战略密集出台

　　2023 年 3 月，美国白宫发布新版《国家网络安全战略》，提出了改善美国数字安全的整体方法，着力捍卫关键基础设施、打击和瓦解威胁行为者、通过市场力量推动安全和弹性、加强对未来安全弹性的投资和发展网络空间国际伙伴关系。美国国防部发布《2023—2027 年国防部网络劳动力战略》，构建涵盖"识别、招聘、发展、留存"的网络劳动力发展路线图，提出建立标准并分配管理网络劳动力的责任、通过当前和未来的计划扩大网络劳动力的发展与教育等六大举措。5 月，美国白宫发布了《关键和新兴技术的国家标准战略》，重点关注通信和网络技术、半导体和微电子、人工智能、生物技术、量子信息技术等 20 项"关键和新兴技术"，围绕加强国家安全创新基础、保持技术优势两大战略目标，提出推动技术创新、对关键技术实施出口管制、确保供应链安全等 20 余项具体措施。9 月，美国国防部发布《2023 年美国国防部网络战略摘要》，延续"以攻为守"的网络安全思想，概述了美国国防部如何最大限度地发挥其网络能力，以支持综合威慑，并与其他国家力量工具协同运用于网络空间行动。12 月，澳大利亚政府发布《2023—2030 年澳大利亚网络安全战略》，该战略号召开创澳大利亚网络合作的新时代，提出通过"六层网络护盾"构建更强大的网络防御体系，使公民生活有序、企业经营繁荣，并在遭受网络攻击时能够及时应对。

二、网络安全法律法规持续完善

2023 年 1 月，《关于在欧盟全境实现高度统一网络安全措施的指令》（NIS 2 指令）正式生效，NIS 2 指令取代了《网络和信息系统安全规则》（NIS 指令），大大扩展了属于其范围的关键实体的部门和类型，加强了网络安全风险管理要求，为欧盟成员国采取更具创新性的网络安全监管措施铺平了道路。12 月 6 日，美国参众两院通过《2024 财年国防授权法案》，只待提交总统签署并正式生效。初步统计，该法案网络安全预算约 14.5 亿美元，同比增长 14%，增速远高于国防预算整体增速。根据法案，2024 年美国国防工业网络安全主要支出领域包括网络安全风险和态势感知、信息技术和数据管理、网络战能力、人工智能等。12 月 7 日，欧洲议会工业、研究与能源委员会通过《网络团结法案》草案，提出建设欧盟安全运营中心"网络护盾"、建立以欧盟网络民兵为支撑的网络应急机制、实施网络安全事件审查机制等。12 月 8 日，欧盟委员会、欧洲议会和欧盟成员国代表就《人工智能法案》达成临时协议，旨在确保投放到欧洲市场并在欧盟使用的人工智能系统安全并尊重公民基本权利和欧盟价值观。该法案提出：针对高影响力通用人工智能模型以及高风险人工智能系统制定专门规则；在欧盟层面建立具备执行权的人工智能治理机构；扩大禁止类人工智能技术清单，允许政府出于执法目的在公共场所使用远程生物识别技术，但须遵守保障措施；高风险人工智能系统的部署者有义务在投入使用之前进行权利影响评估等。

三、技术标准体系建设纵深推进

2023 年 5 月，美国国家标准与技术研究院（以下简称 NIST）发布《对联邦漏洞披露指南的建议》（NIST SP 800-216），提出建立联邦漏洞披露框架、正确处理漏洞报告以及沟通漏洞的缓解和修复措施，以推进漏洞披露体系化建设。8 月，NIST 发布《网络安全框架 2.0》（Cybersecurity Framework 2.0）草案，提出了治理（govern）、识别（identify）、保护（protect）、检测（detect）、响应（respond）和恢复（recover）的网络安全框架的六大核心功能，帮助行业、政府机构和其他组织更好地理解、评估和部署网络安全工作。

四、网络安全国际合作继续开展

2023 年 4 月，美韩两国元首签署《战略性网络安全合作框架》协议，将开发并运用多种手段切断和遏制网络空间的恶意行为，向在网络空间参与破坏和非法行为的国家追究责任；合作开展网络训练、核心基础设施保护研究及开发、人才培养，实时共享网络威胁信息，构建民官学合作网络等。11 月，美国网络安全和基础设施安全局与韩国国家情报院签署《关于加强防御网络威胁合作的谅解备忘录》，提出加强计算机应急响应小组之间的沟通，围绕关键基础设施供应链弹性开展合作，加强联合演习、专家交流、人才培养，以及分享网络和基础设施领域最佳实践等。11 月 22 日，英国科学、创新和技术部与韩国科学技术信息通信部建立数字合作伙伴关系，围绕改进基线网络安全和确保关键技术的安全等 4 个方面开展合作。

第二节　数据安全和个人信息保护制度建立完善

当前，数据安全已成为数字经济时代最紧迫和最基础的安全问题，加强数据安全治理已成为维护国家安全和国家竞争力的战略需要。与此同时，个人隐私泄露事件频发，健全个人信息保护的综合治理体系成为各国关注的重点。2023 年，多国持续优化完善数据安全和个人信息保护法律法规，加速构建数据跨境流动新秩序，全面推进数据安全和个人信息保护监督执法，全面提升数据安全治理和个人信息保护水平。

一、多部法律法规加快落地实施

2023 年 3 月，英国提交《数据保护和数字信息法案》修订案，在沿用欧盟出台的《通用数据保护条例》优势的基础上为企业提供更大的灵活性，进一步减少合规性文书，不为企业增加额外成本，明确何时可在未经同意的情况下处理个人数据。8 月，印度通过《2023 年数字个人数据保护法案》，在保留数据受托人义务、数据委托人权利和义务以及创设印度数据保护委员会等主体立法框架的同时，对"数字个人数据""特征分析""特定合法使用"等关键概念以及数据出境、豁免与违法处罚等规则做了进一步调整，为确保个人数据的隐私和安全奠定了坚实的法律基础。11 月，欧盟理事会正式通过了《关于公平访问和使用数据的统一规则的条例》，明确了数据访问、共享和使用的规则，规定了获取数据的主体和条件，旨在提高欧盟行业通过产品和关联服务产生的数据的价值，为数据驱动的创新提供更加开放、竞争的市场环境。

二、数据跨境流动新秩序初步构建

2023 年 7 月，欧盟委员会通过《关于欧盟-美国数据隐私框架的充分性决定》，反映了欧盟确信该框架能确保美国对两国之间传输的个人数据的保护与欧盟提供的保护相当，标志着欧美间数据跨境传输的第三次合作正式落地。10 月 21 日，"英美数据桥"（UK-US data bridge）生效，英国的组织能够将个人数据传输到获得"欧盟-美国数据隐私框架的英国扩展"认证的美国组织，而无须进一步的保护措施。10 月 28 日，欧盟和日本就数据跨境流动达成协议，该协议将取消数据本地化要求，使金融服务、运输、机械和电子商务等多个行业的企业受益，使它们无须烦琐且成本高昂的管理即可处理数据。

三、数据安全监督执法全面推进

2023 年 4 月，英国数据监管机构对 TikTok 处以 1270 万英镑的罚款，原因是 TikTok 未经相关父母同意非法处理和使用平台下 140 万名 13 岁以下儿童的数据。5 月，爱尔兰数据保护委员会因 Meta 违规向美国传输大量欧盟用户个人数据，对 Meta 处以 12 亿欧元的罚款，要求 Meta 在接到裁决通知的 5 个月内暂停向美国传输欧盟用户个人数据，半年内停止非法处理及存储欧盟用户个人数据，该判例成为欧盟对违反数据保护条例的企业开出的最重罚单。9 月，TikTok 因处理用户的个人数据不当，被爱尔兰数据保护委员会处以 3.45 亿欧元的罚款。9 月，谷歌因未经用户同意擅自收集、存储和使用用户位置信息，向美国加利福尼亚州支付了 9300 万美元和解金。

第三节　关键信息基础设施日益成为安全防护的重中之重

关键信息基础设施的系统数据资产价值较高，遭受网络攻击的影响范围较广、后果较重，越发成为网络攻击的首选阵地，全球范围内针对关键信息基础设施的网络攻击事件层出不穷，通信、能源、医疗、制造、交通、金融、教育等行业无一幸免，给多国带来重要数据泄露、社会系统瘫痪等重大危害，严重威胁国家安全。2023 年，世界多国积极应对关键信息基础设施的重大网络安全威胁，加速推进关键信息基础设施安全相关立法工作，着力缓解漏洞安全风险，提高供应链安全水平，进一步加大关键信息基础设施安全保护力度。

一、聚焦关键信息基础设施的重点保护

2023 年 2 月，澳大利亚政府发布了《2023 年关键基础设施弹性战略》，该战略提供了一个全国性框架，指导澳大利亚加强关键基础设施的安全性和弹性。3 月，美国出台《国家网络安全战略》，将"保护关键基础设施"列为战略确立的五大支柱之首，明确关键基础设施保护的目标是"运作持久且有效的协作防御模式，公平分配风险和责任，为美国数字生态提供基本安全和韧性"。5 月，澳大利亚网络和基础设施安全中心发布《关键基础设施资产类别定义指南》，该指南对关键基础设施资产分类提供了指导意见，涵盖了通信、金融、能源、运输等十大类别 22 个关键基础设施行业，有助于提高运营弹性、降低复杂性。5 月，美国网络安全和基础设施安全局（以下简称 CISA）发布《增强网络物理关键基础设施弹性的研究、开发和创新：需求和战略行动》白皮书，强调增强网络物理关键基础设施弹性，提出相关研发需求和战略行动，包括开发集成模型以识别互联基础设施的系统性风险以及中断造成的级联影响，围绕网络物理基础设施的弹性建立跨机构研发与创新测试平台等。10 月，美国网络安全和基础设施安全局宣布修订《国家网络事件响应计划》，帮助美国及其盟友更有效地应对网络事件并从中恢复，从而减少网络伤害。

二、着力缓解关键信息基础设施漏洞的安全风险

施行强制漏洞披露要求、建立漏洞披露计划、发布漏洞早期预警、鼓励安全研究人员善意发现并报告漏洞等是各国消减关键信息基础设施漏洞的重要途径。2023 年 1 月，美国国防部宣布发起"黑掉五角大楼 3.0"计划，重点是查找维持五角大楼和相关场地网络运行的操作技术中的漏洞。2 月，比利时网络安全中心（CCB）发布新法律框架，允许任何自然人或法人在没有欺诈或恶意情况下发现和报告位于比利时的网络信息系统中的现存漏洞，并在符合特定"严格"条件的前提下，保护上报可能影响比利时各类系统、网络或应用程序的安全漏洞的个人或组织免受起诉。8 月，美国众议院提出《联邦网络安全漏洞减少法案》，要求美国联邦供应商实施符合 NIST 相关指南要求的漏洞披露政策，以识别软件漏洞，并建立标准化的漏洞披露政策。9 月，CISA 发布《为供水公司提供免费的网络漏洞扫描》情况说明书，介绍了免费漏洞扫描服务的 4 个阶段的注册流程，在水及污水处理网络系统中推行免费漏洞扫描服务，旨在识别和解决饮用水和废水处理系统漏洞，降低供水系统遭受网络攻击的风险。

三、重点提升关键信息基础设施供应链的安全水平

2023 年 4 月，美国、加拿大、英国、德国、新加坡等国的 17 个政府机构联合发布《改变网络安全风险的平衡：软件安全设计原则和方法指南》，强化软件制造商的网络安全责任，要求软件制造商优先考虑产品的安全性，保障产品功能安全运行，减少被攻击的可能性。9 月，CISA 发布开源软件安全路线图，实行美国政府网络和关键基础设施"小核心"重点保护，强化开源生态系统"大范围"联动协作，提出梳理美国关键基础设施中开源软件使用情况、制定开源软件风险优先级框架、评估关键开源软件依赖性威胁、促进开源软件开发人员的安全教育、发布开发源码安全使用指南等措施，旨在确保联邦政府网络安全和关键基础设施安全。10 月，CISA、美国联邦调查局、美国国家安全局和美国财政部联合发布《提高运营技术和工业控制系统中开源软件安全性的说明书》，旨在帮助操作技术供应商和关键基础设施实体更好地管理开源软件使用所带来的风险，提高系统的安全性和韧性。

第四节　新技术应用带来的网络安全挑战得到有效应对

以人工智能、量子计算等为代表的新兴技术，对网络安全的两面性影响不断扩大并持续呈现新变化，成为未来网络空间的"游戏规则改变者"。2023年，多国统筹发展和安全，加快人工智能、量子计算、零信任等新技术在网络安全领域的融合创新应用，积极防范新技术新应用的安全风险，更好地应对越发严峻的新兴网络安全威胁。

一、主动应对人工智能安全风险成为全球主旋律

一是国际层面对人工智能安全发展达成初步共识。2023 年 11 月 1 日，中国、美国、英国、日本、德国、印度和欧盟等 28 个国家和地区签署首个全球性人工智能（以下或简称 AI）声明《布莱切利宣言》，提出在全球范围内安全发展 AI，以安全的方式设计、开发、部署 AI，加强对 AI 共同风险的识别，建立应对这些风险的共识。11 月 26 日，美国、英国、德国等 18 个国家签署《安全人工智能系统开发指南》，敦促企业打造"设计安全"的 AI 系统，确保 AI 在设计、开发和部署等环节的安全。

二是重点国家发布人工智能安全发展路线图。2023 年 5 月，美国白宫发布 2023 年版《国家人工智能研发战略计划》，提出长期投资基础和负责任的人工智能研究、确保人工智能系统的安全性等 9 项战略任务。6 月，澳大利亚发布《安全和负责任的人工智能讨论文件》，对人工智能潜在风险进行分级管理。9 月，英国竞争和市场管理局通过新的人工智能监管原则，强调 AI 的问责制和透明度，防止人工智能模型被少数科技公司主导。10 月 30 日，时任美国总统拜登签署总统行政令，要求开发和应用安全、可靠和可信赖的人工智能。

二、积极布局量子技术产业和后量子密码算法

2023 年 1 月，加拿大政府宣布启动《国家量子战略》，将在 7 年内逐步投入 3.6 亿加拿大元，持续开发、推广和使用量子计算科学技术，构建国家安全量子通信网络和后量子密码学。3 月，英国科学、创新和技术部发布《国家量子战略》，将量子技术确定为未来十年保障英国繁荣和安全的重中之重，并为英国国家量子科技计划提供十年愿景和扩展行动计划，将在 2024—2034

年提供 25 亿英镑的政府投资，并吸引至少 10 亿英镑的额外私人投资，用于开发量子技术。8 月，NIST 发布了三份后量子密码标准草案，并在全球范围内公开征求意见，该标准草案旨在推动后量子密码技术发展，更好地抵御量子计算机带来的潜在攻击，并为全球提供保护敏感信息免受量子计算攻击的新工具。

三、加快推动零信任技术在网络安全中的落地实施

2023 年 4 月，CISA 发布《零信任成熟度模型》(第二版)，对跨多个关键支柱 (身份、网络、工作负载及数据等) 的联邦机构实施指南进行了更新。CISA 将这套成熟度模型定义为联邦机构转向零信任架构的"众多路线图之一"，旨在通过跨网络检查点持续验证用户凭证，借此防止对政府数据及服务的未经授权或危险的访问。

第二章

2023 年中国网络安全发展状况

整体来看，2023 年，中国网络安全技术创新不断涌现、网络安全企业和产业发展承压、政策法规日臻完善、国际合作走深走实、人才培养力度不断加大，呈现出新技术新应用安全需求巨大、数据跨境流动安全备受关注、出海企业面临网络安全合规挑战等特点。需要注意的是，中国网络安全在发展的同时仍面临"技术创新与应用鸿沟问题突出"等诸多问题和挑战，需要政府、企业、高校和社会各界共同努力来加以解决和应对，为国家的安全稳定和发展繁荣提供有力保障。

第一节　2023 年中国网络安全发展态势

一、技术创新不断涌现

技术创新是推动网络安全发展的关键动力。2023 年，得益于对新技术新应用的不断探索和实践，中国企业和科研机构在零信任架构、抗量子密码、网络安全编排自动化响应、隐私计算、基于人工智能的网络安全防护、物联网安全、云计算安全等网络安全技术上取得了进一步突破，并将技术应用于实践中。

例如，在抗量子密码方面，沐创集成电路设计公司已宣布推出首款可迁移抗量子密码芯片 RSP S20P。在网络安全编排自动化响应方面，中国电科、天融信、众智维、雾帜智能等企业纷纷提出自己的网络安全编排自动化解决方案，实现安全策略维护自动化、封禁 IP 自动化、异常登录调查自动化、恶意代码自动化分析等。在隐私计算方面，蚂蚁集团持续提升隐私计算效率，实现在 10 分钟内完成亿级数据密态结构化查询语言分析，在部分应用场景下隐私计算效率接近明文计算效率。在基于 AI 的网络安全防护方面，360 研发的网络安全大模型，能够以"数字网络安全专家"的身份与企业安全人员展开深度交互，协助提供网络安全防护解决方案，对系统安全进行检测和分析，并在紧急事件后提供应急解决方案，使过往冗长的网络安全防护决策流程得以大幅简化，极大降低应急事件响应时间。

二、企业和产业发展承压

随着网络安全需求的不断增长，中国网络安全产业的规模也在持续扩大，2023 年一大批企业凭借优秀的产品和服务，在国内外网络安全市场上赢得了广泛的认可。但近年来，全球经济周期处于低谷，叠加新冠疫情带来的冲击，政府等重点网络安全大客户 IT 预算大幅下降和安全投入缩水，网络安全企业面临较大发展压力。以 2023 年中国网络安全上市企业为例进行分析，奇安信、启明星辰、深信服、天融信、电科网安、安恒信息、国投智能、360、绿盟科技、亚信安全、迪普科技 11 家企业营收超过 10.0 亿元，合计营收达到 310.7 亿元，与 2022 年总营收（326.4 亿元）相比下降 4.8%，其中 7 家企业 2023 年营收同比下降，如图 2-1 所示。

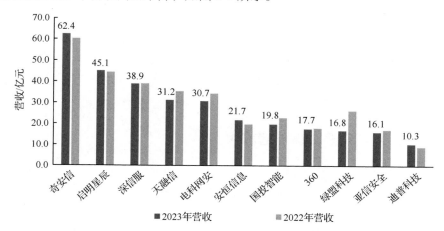

图 2-1　2022 年和 2023 年营收超过 10 亿元的中国网络安全上市企业

三、政策法规日臻完善

政策法规的制定和完善对于网络安全的发展至关重要。近年来，中国在网络安全法规建设方面取得了显著进展，不断完善支撑《中华人民共和国网络安全法》《中华人民共和国数据安全法》《中华人民共和国个人信息保护法》

《关键信息基础设施安全保护条例》等"三法一条例"为主干的法规框架，为网络安全提供了有力的法规和政策保障。例如，2023 年，工业和信息化部、中央网信办、公安部、国家市场监督管理总局等部门，陆续发布了《工业和信息化部等十六部门关于促进数据安全产业发展的指导意见》《个人信息出境标准合同办法》《关于开展网络安全服务认证工作的实施意见》《关于调整网络安全专用产品安全管理有关事项的公告》《生成式人工智能服务管理暂行办法》《网络关键设备和网络安全专用产品目录》等。

四、国际合作走深走实

面对全球性的网络安全挑战，国际合作显得尤为重要。中国在国际网络安全合作方面取得了积极进展。有关部门统计，中国网络安全有关执法部门积极与多国执法机构开展交流合作，携手打击网络犯罪，2023 年共接收核查34 个国家和地区执法部门提交的网络犯罪案件线索协查请求 162 起。中国国家互联网应急中心与全球主要的国家级计算机应急响应小组（CERT）、政府部门、国际组织和联盟等开展交流合作，截至 2023 年，已与 83 个国家和地区的 289 个组织建立"CNCERT 国际合作伙伴"关系，每年与 50 余个国家协作处置跨境网络安全事件万余起。中国还积极与东盟、非盟、拉美和加勒比地区、金砖国家等组织与数字技术和网络安全有关的论坛、培训活动，持续加强网络安全领域的国际合作，分享了各自在网络安全领域的经验和技术成果。这些国际合作有助于应对全球网络安全挑战，不仅提升了中国在全球网络安全治理中的地位和影响力，也为全球网络安全做出了积极贡献。

五、人才培养力度不断加大

网络安全领域的发展离不开人才的支持。近年来，得益于政府、企业和高校对网络安全人才培养的重视和投入，中国网络安全人才规模持续增长，网络安全教育、技术、产业实现融合发展。目前，国家已设立网络空间安全一级学科，实施一流网络安全学院建设示范项目。根据国家网信办的数据，截至 2023 年 9 月，国内已有 60 余所高校设立网络安全学院，200 余所高校设立网络安全本科专业，网络安全专业毕业生每年超过 2 万人。国家网信办正在持续推动建设国家网络安全人才与创新基地，指导实施网络安全学院学生创新资助计划，鼓励和支持高校学生围绕企业网络安全技术创新实际需求和产业发展共性问题开展创新活动。整体来看，中国网络安全人才培养不断加快，技术能力稳步提高，产业体系快速发展，人才培养、技术创新、产业发展的良性生态正在加速形成。

第二节　2023 年中国网络安全发展特点

一、新技术新应用安全需求巨大

随着云计算、物联网、人工智能等新技术的快速发展和应用，企业和个人对网络安全的需求不断增长。例如，在智能制造领域，工业互联网的普及使生产设备、管理系统等实现了互联互通。然而，这种互联互通也带来潜在的安全风险。因此，如何保障工业互联网的安全性成为当前和未来一段时间内的重要任务。这也为中国网络安全产业带来了巨大的发展空间和市场需求。

二、数据跨境流动安全备受关注

在数字化时代，数据跨境流动日益频繁，而数据安全问题也随之凸显。以跨境电商为例，消费者在购买国外商品时，需要提供个人信息、支付信息等敏感数据。这些数据在跨境传输过程中面临着被窃取、篡改等风险。因此，如何保障数据跨境流动的安全性成为各方关注的焦点。政府和企业都在积极探索有效的数据跨境流动安全管理措施，以确保数据的完整性、保密性和可用性。

三、出海企业面临网络安全合规挑战

随着中国经济的快速发展和全球化的深入推进，越来越多的中国企业开始走出国门，拓展海外市场。然而，在出海过程中，企业面临着各种网络安全合规问题。例如，个别互联网企业在拓展海外市场时，因未遵守当地的网络安全法规和标准，用户数据泄露事件频发。这不仅损害了公司的声誉和利益，也给用户带来了巨大的损失。因此，出海企业需要加强网络安全合规意识，建立完善的合规管理体系，以确保在海外市场稳健发展。

第三节　中国网络安全发展面临的问题与挑战

尽管中国网络安全在多个方面取得了显著进展，但仍面临一些问题和

挑战：

一是技术创新与应用鸿沟问题仍然突出。虽然中国在网络安全技术创新方面取得了不小的成果，但将这些技术应用到实际场景中还存在一定的难度。如何有效地将技术创新转化为实际应用、提高网络安全的整体水平是当前面临的一个重要问题。

二是部分企业和个人的网络安全意识仍然相对薄弱。这种意识的缺乏可能导致潜在的安全漏洞被忽视、网络攻击的风险增加以及个人隐私和企业数据的泄露等问题。因此，加强网络安全教育和培训、提高全社会的网络安全意识是亟待解决的问题之一。

三是部分网络安全政策法规执行难度大。例如，网络空间的匿名性和跨境性给执法带来了难度，不同地区的法律差异也增加了跨境执法的复杂性。再如，《中华人民共和国网络安全法》提出，经处理无法识别特定个人且不能复原的个人信息，可以不经过授权同意提供和流通交易，但当前可便捷执行的个人信息匿名化、脱敏的标准仍未建立。

四是跨国合作的复杂性和敏感性给网络安全国际合作带来了一定的挑战。不同国家和地区的法律、文化和技术水平存在差异，这增加了跨国合作的难度和不确定性。如何在尊重各国主权和法律的前提下开展有效的国际合作、共同应对网络安全挑战是中国企业需要认真思考的问题之一。

政策法规篇

第三章

2023 年中国网络安全重要政策文件

第一节 《工业和信息化部等十六部门关于促进数据安全产业发展的指导意见》

一、出台背景

数据是经济发展的重要生产要素和核心引擎，数据安全已成为中国总体国家安全观的重要组成部分。发展数据安全产业对于提高各行业各领域数据安全保障能力，加速数据要素市场培育和价值释放，夯实数字中国建设和数字经济发展基础有着重要意义。为指导产业各方主体积极、有序开展数据安全产业相关工作，共同推动数据安全产业高质量发展，工业和信息化部等十六个部门联合出台《工业和信息化部等十六部门关于促进数据安全产业发展的指导意见》(以下简称《意见》)。

二、主要内容

《意见》聚焦数据安全保护及相关数据资源开发利用需求，提出促进数据安全产业发展的总体要求，并按 2025 年、2035 年两个阶段提出产业发展目标。具体而言，《意见》分两个层面明确促进数据安全产业发展的七项重点任务：一个层面是围绕产业本身要做什么，明确了提升产业创新能力、壮大数据安全服务、推进标准体系建设和推广技术产品应用四项重点任务，指出加强核心技术攻关，构建数据安全产品体系，布局新兴领域融合创新，推进规划咨询与建设运维服务，积极发展检测、评估、认证服务，加强数据安全产业重点标准供给，提升关键环节、重点领域应用水平，加强应用试点和示范推广等具体工作方向；另一个层面是围绕以什么为抓手，明确了构建产业繁荣生态、强化人才供给保障和深化国际合作交流三项重点任务，将推动产业集聚发展，打造融通发展的企业体系，强化基础设施建设，加强人才队伍建设，推进国际产业交流合作等实际思路予以阐明。《意见》还提出加强组织协调、加大政策支撑和优化产业发展环境三方面落地保障措施，切实推动产业健康发展。

（一）推动数据安全技术、产品和服务创新

一是技术创新，支持科研机构、高等院校、企业等主体共建高水平的重点实验室、研发机构、协同创新中心等，围绕新计算模式、新网络架构和新应用场景，加强数据安全基础理论研究，攻关突破数据安全基础共性技术、关键核心技术、前沿革新技术。二是产品创新，鼓励数据安全企业紧密围绕产业数字化和数字产业化过程的数据安全保护需求，优化升级传统数据安全产品，创新研发新兴融合领域专用数据安全产品；面向重点行业领域特色需求、中小企业个性化需求，以及数据开放共享、数据交易等开发利用场景，加快适用产品研发；加强数据安全产品与基础软硬件的适配发展，增强数据安全内生能力。三是服务创新，鼓励数据安全企业、第三方服务机构由提供技术产品向提供服务和解决方案转变，发展壮大数据安全规划咨询、建设运维、检测评估与认证、权益保护、违约鉴定等服务，推进数据安全服务云化、一体化、定制化等服务模式创新。

（二）调动数据安全产业区域发展积极性

一是鼓励地方立足数据安全法律政策及本地区产业基础、发展基础等因素，规划建设国家数据安全产业园，并通过财政、金融、税收等政策工具，吸引企业、技术、资本、人才等加快向园区集中。二是支持地方结合发展需要，建设数据安全创新应用先进示范区，集中示范应用并推广技术先进、特点突出、应用成效显著的数据安全技术产品和典型案例，推动先进适用技术产品在各行业领域的应用推广。三是鼓励地方结合产业基础和优势，围绕关键技术产品和重点领域应用，打造龙头企业引领、具有综合竞争力的高端化、特色化数据安全产业集群，并加大跨区域产业合作。

（三）开展数据安全产业主体培育

一是鼓励在核心技术研发、关键产品供给、产业链影响力等方面具有"头

雁"效应的大型数据安全企业,向产业龙头骨干企业发展;引导中小微企业走专精特新发展道路,不断增强内生动力;支持单项产品市场占有率较高的企业逐步发展壮大成为单项冠军企业。二是组织融资路演活动,解决企业融资需求,并支持符合条件的数据安全企业享受软件和集成电路企业、高新技术企业等优惠政策。三是鼓励龙头骨干企业发挥引领作用,带动中小微企业补齐短板、壮大规模、创新模式,形成创新链、产业链优势互补,资金链、人才链资源共享的合作共赢关系。

(四)满足数据安全保护需求

一是积极拓展产业合作渠道,建设数据安全产业公共服务平台,组织数据安全产业会议、展览、赛事、学术研讨、产业沙龙等活动,促进数据安全企业与数据处理者强化交流合作,推动供需精准对接和产业信息共享。二是支持数据安全企业深度分析工业、电信、交通、金融、卫生健康、知识产权等领域数据处理者的合规需求和保护需求,梳理典型应用场景,发展、提升相关产品和服务的功能性能,特别是面向重点行业领域、新型应用场景及中小企业特色需求,开发适用产品或解决方案。三是引导数据处理者围绕落实《中华人民共和国数据安全法》和行业数据安全管理要求,梳理自身数据安全保护需求,科学合理制定数据安全保护规划,持续强化数据安全保护能力;同时,与数据安全企业加强互动反馈,以数据安全最新需求牵引技术产品和服务的迭代升级。四是鼓励各地区规划建设数据安全创新应用先进示范区,组织本地区相关单位和企业部署应用数据安全保护产品,对特点鲜明、成效显著的产品和解决方案予以推广,形成示范效应。

(五)推动数据安全产业生态培育

一是加快推动国家数据安全产业园区、数据安全创新应用先进示范区、数据安全重点实验室等创新载体规划建设,促进形成产业发展集聚效应,并加快数据安全产业公共服务平台等基础设施建设。二是构建融通发展企业体系,共同打造完整、协同、稳定的数据安全产业链,并鼓励企业在技术创新、产品研发、应用推广、高端人才等方面深化交流合作,促进形成创新链、产业链优势互补,资金链、人才链资源共享的合作共赢关系。三是持续优化产业生态环境,强化数据安全配套政策支持与引导,加快数据安全产业标准体系建设,推动产业科技成果转移转化,并发展数据安全保险等配套服务,加强数据安全产业政策国际交流与合作。

三、简要评析

《意见》作为数据安全产业顶层政策文件，贯彻《中华人民共和国数据安全法》和部署国家数据安全工作协调机制，坚持统筹发展和安全，构建数据安全产业顶层制度，为产业发展创造良好的政策环境，鼓励各方加大投入，共同做大做强数据安全产业。《意见》明确了数据安全产业发展任务，聚焦数据安全保护和开发利用两类需求，多维度、分层次明确产业发展主要任务，从供给侧为保障国家数据安全提供技术、产品和服务支撑。《意见》有利于营造数据安全产业发展生态，提出的加强标准体系建设、专业人才培养等工作对于营造良好发展环境、保障产业健康持续发展具有重要意义。

第二节　《工业和信息化部关于进一步提升移动互联网应用服务能力的通知》

一、出台背景

近年来，中国移动互联网蓬勃发展，各类应用服务日益丰富，小程序、快应用等创新形态不断出现，在推动经济社会发展、服务群众生活方面发挥了重要作用。移动互联网应用服务水平已经成为当前人民群众最关心、最直接、最现实的利益问题之一。为此，工业和信息化部大力推动提升移动互联网应用服务质量，切实维护用户合法权益，但部分企业服务行为不规范、相关环节责任落实不到位等问题仍时有发生。对此，工业和信息化部依据《中华人民共和国个人信息保护法》《中华人民共和国电信条例》《规范互联网信息服务市场秩序若干规定》《电信和互联网用户个人信息保护规定》等相关法律法规发布了《工业和信息化部关于进一步提升移动互联网应用服务能力的通知》（以下简称《通知》），以优化服务供给，改善用户体验，维护良好的信息消费环境，促进行业高质量发展。

二、主要内容

《通知》紧扣"全流程、全链条"治理思路，围绕应用服务安装、使用、卸载的全流程，系统梳理影响用户感知的环节，提出优化改善的措施；围绕移动互联网行业上下游全链条各主体，提出强化管理要求，着力提升体系化服务能力。具体而言，《通知》围绕提升用户服务感知、提升行业管理能力提出 26 条措施：聚焦 App 安装卸载、服务体验、个人信息保护、诉求响应等，针对性提出改善用户服务感知的 12 条措施；从行业协同规范发展、上下游联防共治的角度出发，抓住当前移动互联网服务的 5 类关键主体，即 App 开发运营者、分发平台、软件开发工具包（以下简称 SDK）、终端和接入企业，提出 14 条措施。

（一）提升用户服务感知

一是规范安装卸载。《通知》要求确保知情同意安装，真实、准确、完整地向用户明示相关必要信息，并经用户确认同意后方可下载安装；规范网页推荐下载行为，保障用户正常浏览页面信息；实现便捷卸载。除相关规定中明确的基本功能软件外，App 应当便捷卸载。二是优化服务体验。《通知》要求对于开屏和弹窗信息窗口难以关闭、"摇一摇"乱跳转等问题予以规范；提前告知服务事项，明示产品功能权益及资费等内容，特别是存在开通会员、收费等附加条件的应显著提示；应当合理启动运行场景，明确在非服务所必需或无合理场景下，不得进行自启动、关联启动，或者唤醒、调用、更新等行为；及时提醒服务续期，在自动续订、自动续费前 5 日以短信、消息推送等显著方式提醒用户，并提供便捷的退订和取消途径。三是加强个人信息保护。《通知》聚焦超范围收集使用个人信息、规则告知不充分、过度索取权限等群众反映突出的问题，提出坚持合法正当必要原则，明确不得强制要求用户同意超范围或者与服务场景无关的个人信息处理行为；明示个人信息处理规则，通过简洁、清晰、易懂的方式告知用户个人信息处理规则，发生变动的应当及时告知，突出显示敏感个人信息的处理目的、方式和范围，建立已收集个人信息清单；合理申请使用权限，在业务功能启动时，动态申请所需权限应同步告知用户申请该权限的目的。四是响应用户诉求。从设立客服热线、妥善处理用户投诉两个方面提出要求，明确热线响应能力和投诉处理时限等，推动企业畅通问题反馈渠道，根据用户诉求改进服务。

（二）提升行业管理能力

《通知》根据服务形态、业务场景、功能特点重点针对 5 类主体提出了具体规范要求：App 开发运营者落实主体责任，分发平台强化分发管理，SDK 规范应用服务，智能终端筑牢安全防线，接入企业夯实信息登记和处置责任。

其中，App 开发运营者应当完善内部管理机制、增强技术保障能力、加强 SDK 使用管理。分发平台要保证事前严格 App 上架审核、事中强化在架 App 巡查、事后完善分发管理机制，落实好"守门人"责任。SDK 要做到建立信息公示机制、优化功能配置、加强服务协同。智能终端要强化运行管理能力、记录提醒能力、风险预警能力。由此，通过联防共治，共同提高行业整体管理水平。

（三）推动提升要求落实

为确保推动行业落实《通知》有关要求，进一步提升服务能力，为群众提供高质量的移动互联网应用服务，《通知》提出以下要求。一是抓好组织落实。提高政治站位，强化责任担当，细化分解任务，抓好组织实施，组织相关企业开展自查自纠，健全长效机制，创新模式方法，确保取得实效。二是加强指导监督。健全完善测评、通报、排名、公示机制，推动工作扎实有序开展，及时总结、推广优秀案例和经验做法。加强监督检查，指导督促企业落实各项要求。对落实不到位或出现违规行为的企业，依法采取相应处置措施。三是强化技术手段。组织产业力量，升级打造公共服务平台，做好技术检测、监测服务和监管支撑工作。四是推动行业自律。鼓励行业协会及相关机构制定行业自律公约、技术标准、服务规范，加强评估认证和人才培养。五是进一步畅通渠道倾听群众意见，促进交流互动，努力营造争先创优、互促共进的良好环境，以高质量服务促进高质量发展。

三、简要评析

《通知》坚持问题导向，聚焦行业发展出现的新问题、人民群众愁盼解决的急问题，提出了体系化治理新思路，着力构建"全流程、全链条"综合治理体系，在供给侧推动提升行业上下游服务能力，在需求侧着力解决影响用户服务感知的问题，推动行业治理走深走实，践行发展为了人民、发展依靠人民、发展成果由人民共享的重要理念。《通知》在现有促进产业健康发展和强化监管相关制度的基础上，进一步完善可操作性实施细则，确保《中华人民共和国网络安全法》《中华人民共和国数据安全法》《中华人民共和国个人信息保护法》等法律要求在信息通信行业领域落实落细，推动相关主体不断完善内部管理、提升依法合规经营意识和能力，共同营造良好的信息消费环境。

第三节《工业和信息化部 国家金融监督管理总局关于促进网络安全保险规范健康发展的意见》

一、出台背景

随着中国数字经济的快速发展，网络安全基础性、保障性作用增强。网络安全保险作为承保网络安全风险的新险种、网络安全服务的新模式，日益成为转移、防范网络安全风险的重要工具，在行业企业提升网络安全风险应对能力、促进中小企业数字化转型发展、推进构建网络安全社会化服务体系、促进网络安全产业高质量发展、助力制造强国和网络强国建设等方面发挥着重要作用。为深入贯彻《中华人民共和国网络安全法》《中华人民共和国数据安全法》等相关法律法规，加快推动网络安全产业和金融服务融合创新，引导网络安全保险健康有序发展，培育网络安全保险新业态，工业和信息化部与国家金融监督管理总局于 2023 年 7 月联合印发《工业和信息化部 国家金融监督管理总局关于促进网络安全保险规范健康发展的意见》（以下简称《意见》）。

二、主要内容

（一）推动网络安全保险产品服务创新

《意见》指导和鼓励各方主体积极推进网络安全保险产品和服务创新，推动中国网络安全保险规模发展，促进网络安全产业高质量发展。产品创新方面，《意见》鼓励保险机构面向不同行业场景的差异化网络安全风险管理需求，开发多元化网络安全保险产品。一是面向重点行业企业开发网络安全财产损失险、责任险和综合险等，提升企业网络安全风险应对能力。二是面向信息技术产品开发产品责任险，面向网络安全产品开发网络安全专门保险，为信息网络技术产品提供保险保障。三是面向网络安全服务开发职业责任险等产品，转移专业技术人员在安全服务过程中因人为操作可能引发的安全风险。服务创新方面，《意见》鼓励网络安全保险服务机构协同合作，探索构建以网络安全保险为核心的全流程网络安全风险管理解决方案。一方面，充分发挥保险机构专业优势，联合网络安全企业、基础电信运营商等加快保险与网络安全服务融合创新；另一方面，充分发挥网络安全企业、专业网络安全测评机构技术优势，联合保险公司提升网络安全保险服务能力。

（二）强化网络安全技术对保险的赋能作用

《意见》聚焦网络安全风险量化评估和网络安全风险监测两方面强化网络安全技术赋能保险发展。一是开展网络安全风险量化评估。《意见》要求加强电信和互联网、工业互联网、车联网、物联网等网络安全风险研究；探索建立网络安全风险量化评估模型，加强网络安全风险影响规模预测、经济损失等分析；支持研发网络安全风险量化评估技术，开发轻量化网络安全风险量化评估工具；鼓励建立网络安全风险理赔数据库，支撑网络安全风险精准定价。二是加强网络安全风险监测能力。《意见》明确开展网络安全保险全生命周期风险监测，覆盖事前、事中、事后等重要环节；要求充分利用网络安全风险监测技术手段，针对网络安全漏洞、恶意网络资源、网络安全事件等开展网络安全威胁实时监测，及时发现网络安全风险隐患，提升网络安全风险监测预警、应急处置等能力。

（三）促进网络安全保险服务应用

《意见》基于多重维度支持网络安全保险服务应用推广，推动网络安全产业需求释放。一是推动重点行业领域先行先试。面向电信和互联网、能源、金融、医疗卫生等重点行业，以及工业互联网、车联网、物联网等新兴融合领域，开展网络安全保险服务试点。充分发挥网络安全产业、网络安全保险相关联盟协会等作用，形成可复制、可推广的网络安全保险服务模式。二是鼓励重点行业完善风险管理机制。推动制造业、能源、金融、交通、水利、教育等重点行业企业积极利用网络安全保险工具，完善网络安全风险管理机制，提升网络基础设施、重要信息系统和数据的安全防护能力。三是推动中小企业网络安全防护能力提升。支持中小企业积极参与网络安全保险，有效监控网络安全风险敞口，建立健全网络安全风险管理体系，不断提升网络安全风险应对能力。

（四）培育网络安全保险发展生态

《意见》聚焦优质企业培育和加强宣传推广两方面培育网络安全保险生态。一是培育优质网络安全保险企业。通过网络安全保险优秀案例征集、网络安全保险应用示范等活动，培育一批专业能力突出的保险机构，发展一批

技术支撑能力领先的网络安全企业、专业网络安全测评机构等，建设一批网络安全保险创新联合体。二是宣传推广网络安全保险服务。充分发挥相关行业联盟协会、重点企业带动作用，整合资源优势，促进网络安全产业和金融服务要素流动。开展网络安全保险教育培训，引导加强从业人员自律，规范网络安全保险推广应用。通过网络和数据安全产业高峰论坛、网络安全技术应用试点示范等活动，宣传普及网络安全保险。举办网络安全保险主题活动，加强经验总结和交流推广，营造促进网络安全保险规范健康发展的浓厚氛围。

三、简要评析

《意见》作为中国网络安全保险领域的首份政策文件，立足我国网络安全保险发展现状和亟待解决的问题，以促进网络安全保险规范健康发展为目标，聚焦提升行业认知、完善行业规范，丰富网络安全保险产品类型、创新保险服务模式，提升风险量化评估能力、加强全生命周期风险监测，推进网络安全保险落地应用、促进企业网络安全能力提升，培育网络安全保险优质企业、加强网络安全保险推广等要点提出意见，重点回答了网络安全保险"是什么"和"怎么做"的问题，对于促进网络安全保险行业健康、有序、规范发展具有重大意义。

第四节 《工业和信息化领域数据安全风险评估实施细则（试行）（征求意见稿）》

一、出台背景

数据安全风险评估是做好重要数据和核心数据监管与保护工作的重要一环。《中华人民共和国数据安全法》（以下简称《数据安全法》）要求"重要数据的处理者应当按照规定对其数据处理活动定期开展风险评估"。《工业和信息化领域数据安全管理办法（试行）》提出了"工业和信息化领域重要数据和核心数据处理者应当自行或委托第三方评估机构，每年对其数据处理活动至少开展一次风险评估，及时整改风险问题，并向本地区行业监管部门报送风险评估报告"的具体细化要求。为贯彻落实《数据安全法》和《工业和信息化领域数据安全管理办法（试行）》关于数据安全风险评估的相关要求，进一步细化行业数据安全风险评估规则，规范风险评估活动，有效提升重要数据和核心数据保护水平，工业和信息化部起草《工业和信息化领域数据安全风险评估实施细则（试行）（征求意见稿）》（以下简称《细则》），并于 2023 年 10 月向社会公开征求意见。

二、主要内容

《细则》确定了部省两级数据安全风险评估工作体系，细化了重要数据和核心数据处理者的评估义务，明确了行业主管部门监督管理评估活动的机制流程。其主要内容包括：

适用范围及管理职责。《细则》适用于工业和信息化领域重要数据、核心数据处理者对其数据处理活动的安全风险评估，明确了工业和信息化部、地方行业监管部门的职责分工，并确立了风险评估工作原则。

评估对象和内容。《细则》明确了评估对象为数据处理活动中涉及的目的和场景、管理体系、人员能力、技术工具、风险来源、安全影响等要素，并按照以上要素细化了具体评估内容。

评估机制要求。《细则》详细描述了评估期限、重新申报评估的情形、可采取的评估方式，并对委托评估、评估协作、风险控制和评估报告报送等作出具体要求。

审核、监督和管理。《细则》明确了评估报告审核、评估机构认定、评估机构义务、监督检查、机构监管等要求，并提出建立支撑行业监管工作的第三方评估机构库。

保密义务与特殊要求。《细则》明确了行业监管部门及委托支撑机构的工作人员的保密义务，提出涉及军事信息、国家秘密信息等数据处理活动参照有关规定执行。

三、简要评析

《细则》的出台对于提升中国工业和信息化领域的数据安全评估能力具有重要意义。一方面，《细则》细化了数据安全风险评估的具体要求，为数据处理者提供了明确的操作指南，有助于推动数据安全风险评估工作的规范化、标准化；另一方面，《细则》明确了监管部门的职责分工，加大了监管力度，有助于形成有效的监管机制，确保数据安全风险评估工作的落实。数据安全评估能力的提升对于保障整体数据安全、维护国家安全和发展利益具有深远意义，为中国工业和信息化领域的数据安全再添一层坚实保障。

第五节 《工业和信息化领域数据安全行政处罚裁量指引（试行）（征求意见稿）》

一、出台背景

数据安全行政处罚是督促数据处理者依法依规落实数据安全保护责任义务、强化数据安全监管的重要手段。《中华人民共和国数据安全法》（以下简称《数据安全法》）专章明确法律责任，对数据处理者的违法行为提出系列处罚措施。为贯彻落实《数据安全法》，进一步衔接细化《数据安全法》相关罚则规定，构建行业数据安全行政处罚职权体系，统一数据安全行政处罚尺度，推动工业和信息化领域数据安全行政处罚工作制度化、规范化开展，指导行业监管部门在开展数据安全行政处罚工作时统一裁量尺度，合法、适当地行使行政处罚自由裁量权，有效提升数据安全监管执法能力，工业和信息化部起草《工业和信息化领域数据安全行政处罚裁量指引（试行）（征求意见稿）》（以下简称《指引》），并于 2023 年 11 月向社会公开征求意见。

二、主要内容

首先，《指引》明确了行政处罚裁量权概念以及工业和信息化领域各级行政处罚机关职责，强调了行政裁量权基准制定和管理过程需坚持依法行政、责罚相当、处罚与教育相结合等工作原则。

其次，《指引》介绍了行政裁量管辖相关规定。一是明确管辖监督、属地管辖、移送管辖、交叉管辖等不同层级的管辖争议解决方式；二是明确住所地、网络接入地等数据安全违法行为发生地范畴；三是明确一事不再罚等要求。

再次，《指引》说明了行政处罚相关情形。一是以《数据安全法》为基准，提出不履行数据安全保护义务、向境外非法提供数据、不配合监管三类违法行为触发条件；二是综合涉及数据级别和数量、公共利益损害时间、直接经济损失、影响范围等因素，将数据安全违法行为的危害程度划分为"较轻""较重""严重"等情节。

复次，《指引》解释了行政处罚裁量权适用规则。一是明确行政处罚实施流程、依据和综合裁量原则；二是规定不予处罚、从轻或减轻处罚、从重处罚的适用情形；三是从处罚种类、幅度两方面明确不予处罚、减轻处罚、从轻处罚、从重处罚的具体内容。

最后，《指引》通过附件的形式详细展示了行政处罚裁量基准。其中：一是明确不予处罚、从轻处罚、减轻处罚、从重处罚等裁量阶次；二是综合考虑危害程度等因素，细化各项行政处罚的适用条件；三是细化处罚标准，提出给予违法主体罚款数额等差异化处罚幅度裁量参考。

三、简要评析

《指引》的出台是工业和信息化领域数据安全监管的一项重要举措，对于提升行业数据安全监管工作效率和公平性具有重要意义。《指引》填补了制度空白，健全了工信领域数据安全管理中对于法律责任和追究机制的规定，使得数据安全行政处罚工作有据可依、有章可循。同时，《指引》细化了行政处罚裁量基准和统一裁量尺度，有助于减少执法过程中的随意性和不确定性，提高行政处罚的公正性和透明度。此外，《指引》的实施有助于推动企业更好地识别和厘清数据安全监管责任和风险，从而有的放矢地开展数据合规工作，既能够促进企业合规经营，也对维护市场正常秩序有所裨益。

第六节 《工业和信息化领域数据安全事件应急预案（试行）（征求意见稿）》

一、出台背景

数据安全应急处置是做好数据安全监管和保护工作的重要一环。《数据安全法》明确"国家建立数据安全应急处置机制。发生数据安全事件，有关主管部门应当依法启动应急预案，采取相应的应急处置措施，防止危害扩大，消除安全隐患，并及时向社会发布与公众有关的警示信息"。《工业和信息化领域数据安全管理办法（试行）》提出"工业和信息化部制定工业和信息化领域数据安全事件应急预案，组织协调重要数据和核心数据安全事件应急处置工作"。为贯彻落实《数据安全法》《工业和信息化领域数据安全管理办法（试行）》等法律政策的要求，进一步细化行业数据安全事件应急处置流程、机制和要求，推动工业和信息化领域数据安全事件应急处置工作规范化、制度化开展，有效提升数据安全事件应急处置水平，工业和信息化部起草《工业和信息化领域数据安全事件应急预案（试行）（征求意见稿）》（以下简称《预案》），并于 2023 年 12 月向社会公开征求意见。

二、主要内容

《预案》明确了数据安全事件定义和分级方法，根据数据安全事件对国家安全、企业网络设施和信息系统、生产运营、经济运行等造成的影响范围和危害程度，将数据安全事件分为特别重大、重大、较大和一般四个级别。《预案》提出应急处置工作应当坚持统一领导、分级负责等原则，充分发挥各方面力量，共同做好数据安全事件应急处置工作。

组织体系。《预案》明确了工业和信息化部、地方行业主管部门、数据处理者、应急支撑机构以及专家组的工作职责，建立统一指挥、协同配合工作机制。

监测预警。《预案》建立了数据安全风险监测发现、研判分析及报告机制；按照紧急程度、发展态势、数据规模、关联影响和现实危害等，明确了数据安全风险预警等级；规定了预警信息发布、响应及解除等方面的具体措施要求。

事件应急处置。《预案》建立了数据安全事件事前监测和报告机制，明确了数据处理者应急处置要求；事中按照事件级别和响应等级，明确了数据安全事件应急处置采取的措施和具体要求；事后加强总结，明确了涉事数据处理者应当评估并形成总结报告。

预防措施。《预案》提出预防保护、应急演练、宣传培训、手段建设等措施，提升日常数据安全意识和防护、应对能力；明确了要加强国家重大活动期间数据安全风险监测、威胁研判和事件处置，强化风险防范与应对措施。

保障措施。《预案》提出落实责任、奖惩问责、经费保障、队伍建设、工作协同、物资保障、国际合作等有关保障措施要求，提升工业和信息化领域数据安全事件综合应对能力。

三、简要评析

《预案》的出台旨在提高工业和信息化领域应对数据安全事件的能力，确保在数据安全事件发生时，能够迅速、有效地进行响应和处置，最大限度地保护数据安全，维护国家利益、公共利益和个人合法权益。《预案》全面系统、可操作性强，其出台为工业和信息化领域数据安全事件的应对提供了有力的制度保障和操作指南。

第四章

2023 年中国网络安全重要法规规章

第一节 《未成年人网络保护条例》

一、出台背景

近年来，随着互联网的普及应用，特别是移动互联网的迅速发展，越来越多的未成年人开始接触和使用互联网。据统计，截至 2023 年 6 月，中国未成年网民规模已突破 1.91 亿人。互联网在拓展未成年人学习、生活空间的同时，也带来了一些问题，如未成年人安全合理使用网络的意识和能力不强、网上违法和不良信息影响未成年人身心健康、未成年人个人信息被滥采滥用、一些未成年人沉迷网络等，亟待通过立法加以制度性解决。未成年人网络保护关系国家未来和民族希望，关系亿万家庭幸福安宁。党中央、国务院高度重视未成年人网络保护工作。为了营造健康、文明、有序的网络环境，保护未成年人身心健康，保障未成年人在网络空间的合法权益，2023 年 9 月，国务院第 15 次常务会议通过《未成年人网络保护条例》(以下简称《条例》)，自 2024 年 1 月 1 日起施行。

二、主要内容

(一)促进未成年人网络素养

《条例》在《中华人民共和国未成年人保护法》(以下简称《未成年人保护法》)的基础上，进一步细化未成年人网络素养培育引导机制。《条例》明确国务院教育部门会同国家网信部门制定未成年人网络素养测评指标，县级以上人民政府加强提供公益性上网服务的公共文化设施建设，改善未成年人上网条件。《条例》要求未成年人的监护人应当加强家庭家教家风建设，加强对未成年人使用网络行为的教育、示范、引导和监督。《条例》规定未成年人网络保护软件以及专门供未成年人使用的智能终端产品应当具有保护未成年人个人信息权益、预防未成年人沉迷网络等功能。此外，《条例》针对未成年人用户数量巨大或者对未成年人群体具有显著影响的网络平台服务提供者，提出了定期开展未成年人网络保护影响评估、提供未成年人模式或者未成年人专区、制定专门的平台规则等要求。

（二）规范未成年人相关网络信息内容

《条例》提出营造有利于未成年人健康成长的清朗网络空间和良好网络生态，就未成年人可能接收到的网络信息内容设置统一要求。一是明确鼓励和支持制作、复制、发布、传播弘扬社会主义核心价值观和社会主义先进文化、革命文化、中华优秀传统文化，铸牢中华民族共同体意识，培养未成年人家国情怀和良好品德，引导未成年人养成良好生活习惯和行为习惯等的网络信息。二是划定危害和可能影响未成年人身心健康的信息范围，规定任何组织和个人不得制作、复制、发布、传播危害未成年人身心健康内容的网络信息，要求网络产品和服务提供者不得在首页首屏、弹窗、热搜等重点环节呈现可能影响未成年人身心健康的信息。三是要求以未成年人为服务对象的在线教育网络产品和服务提供者应当根据不同年龄阶段未成年人身心发展的特点和认知能力提供相应的产品和服务。

（三）强调未成年人个人信息保护

《条例》承接《中华人民共和国个人信息保护法》（以下简称《个人信息保护条例》），强调未成年人个人信息权益保障、安全防护、处理行为合规管理等工作的重要性，提出的以下规则进一步健全了未成年人个人信息保护制度体系：一是网络直播服务提供者应当建立网络直播发布者真实身份信息动态核验机制；二是明确规定未成年人的监护人也可以请求行使查阅、复制、更正、补充、删除未成年人个人信息的权利，拒绝请求的应当书面告知申请人并说明理由；三是规定网络服务提供者发现未成年人私密信息或者未成年人通过网络发布的个人信息中涉及私密信息的，应当及时提示并采取必要保护措施；四是规定个人信息处理者的工作人员访问未成年人个人信息的，应当经过相关负责人或者其授权的管理人员审批，记录访问情况，并采取技术措施，避免违法处理未成年人个人信息。

（四）防治未成年人网络沉迷

未成年人沉迷网络会对其身心健康和正常的学习生活造成严重影响，已经引起了广泛关注。《条例》对这一类重点问题提出以下治理措施：一是加强学校、监护人对未成年人沉迷网络的预防和干预，提高教师对未成年学生沉迷网络的早期识别和干预能力，加强监护人对未成年人安全合理使用网络的指导。二是要求网络产品和服务提供者建立健全防沉迷制度，合理限制未成年人网络消费行为，防范和抵制流量至上等不良价值倾向。三是细化网络游戏实名制规定，要求网络游戏服务提供者建立完善预防未成年人沉迷网络的游戏规则，对游戏产品进行分类并予以适龄提示。四是明确有关部门在未成年人沉迷网络防治工作方面的职责。五是严禁以侵害未成年人身心健康的方式干预未成年人沉迷网络。

三、简要评析

《条例》是中国出台的首部专门性未成年人网络保护综合立法，所制定规则与《未成年人保护法》"网络保护"和《个人信息保护法》"个人信息保护"相关内容紧密衔接。《条例》贯彻落实党中央、国务院关于未成年人网络保护工作的决策部署，聚焦未成年人网络保护工作面临的突出问题，明确国家机关、学校、家庭、企业、行业组织等主体在未成年人网络保护工作中的职责，加强对未成年人使用网络行为的教育、示范、引导和监督，从多个方面保护未成年人合法权益、免受网络侵害。《条例》出台标志着未成年人网络保护机制的全面建立，体现了党和国家对未成年人成长成才的高度重视，为未成年人在网络空间的健康成长提供了坚实的法治保障。

第二节　《个人信息出境标准合同办法》

一、出台背景

随着数字经济蓬勃发展，中国个人信息出境需求同步快速增长，个人信息权益保护面临较大挑战。《中华人民共和国个人信息保护法》（以下简称《个人信息保护法》）第三章对个人信息跨境提供规则作基础性规定，按照国家网信部门制定的标准合同订立合同是向境外提供个人信息的法定途径之一。

由此，2023 年 2 月，国家互联网信息办公室公布《个人信息出境标准合同办法》（以下简称《办法》），对"按照国家网信部门制定的标准合同与境外接收方订立合同"途径下的个人信息出境要求作详细规定，明确了个人信息出境标准合同的适用范围、订立条件和备案要求。其附件同时列出了个人信息出境标准合同的基本模板，将法律规定细化为合同条文。

二、主要内容

（一）《办法》明确可以通过订立标准合同方式向境外提供个人信息的具体情形

《办法》明确，个人信息处理者通过订立标准合同的方式向境外提供个人信息应当同时符合下列情形：一是非关键信息基础设施运营者；二是处理个人信息不满 100 万人的；三是自上年 1 月 1 日起累计向境外提供个人信息不满 10 万人的；四是自上年 1 月 1 日起累计向境外提供敏感个人信息不满 1 万人的。同时，《办法》明确，法律、行政法规或者国家网信部门另有规定的，从其规定。要求个人信息处理者不得采取数量拆分等手段，将依法应当经出境安全评估的个人信息通过订立标准合同的方式向境外提供。

（二）《办法》将开展个人信息保护影响评估作为个人信息处理者向境外提供个人信息前的必要条件

《办法》强调开展个人信息保护影响评估对于个人信息处理者向境外提供个人信息的关键意义——必须满足的前置条件，并细致列明了个人信息处理者开展评估应当覆盖的基本要点。根据《办法》，个人信息处理者开展个人信息保护影响评估，应当重点评估以下内容：一是个人信息处理者和境外接收方处理个人信息的目的、范围、方式等的合法性、正当性、必要性；二是出境个人信息的规模、范围、种类、敏感程度，个人信息出境可能对个人信息权益带来的风险；三是境外接收方承诺承担的义务，以及履行义务的管理和技术措施、能力等能否保障出境个人信息的安全；四是个人信息出境后遭到篡改、破坏、泄露、丢失、非法利用等的风险，个人信息权益维护的渠道是否通畅等；五是境外接收方所在国家或者地区的个人信息保护政策法规对标准合同履行的影响；六是其他可能影响个人信息出境安全的事项。

（三）《办法》就个人信息处理者如何履行备案手续给出详细指导

《办法》规定个人信息处理者应当在标准合同生效之日起 10 个工作日内向所在地省级网信部门备案。备案需提交的材料包括标准合同和个人信息保护影响评估报告。同时，《办法》明确了在标准合同有效期内，个人信息处理者应当重新开展个人信息保护影响评估，补充或者重新订立标准合同，并履行备案手续的 3 种情形：一是向境外提供个人信息的目的、范围、种类、敏感程度、方式、保存地点或者境外接收方处理个人信息的用途、方式发生变化，或者延长个人信息境外保存期限的情形；二是境外接收方所在国家或者地区的个人信息保护政策法规发生变化等可能影响个人信息权益的情形；三是可能影响个人信息权益的其他情形。

（四）《办法》就个人信息出境标准合同范本提供规范化样本

《办法》附件为标准合同范本，其主要内容包括合同相关定义和基本要素、个人信息处理者和境外接收方的合同义务、境外接收方所在国家或者地区个人信息保护政策法规对合同履行的影响、个人信息主体的权利和相关救济，以及合同解除、违约责任、争议解决等事项，并设计了个人信息出境说明、双方约定的其他条款两个附录。《办法》规定标准合同应当严格按照标准合同范本订立，国家网信部门可以根据实际情况对附件进行调整；个人信息处理者可以与境外接收方约定其他条款，但不得与标准合同相冲突。

三、简要评析

制定出台《办法》是落实《个人信息保护法》的重要举措，核心目的在于保护个人信息权益、规范个人信息出境活动。《办法》的实行能够进一步满足社会各界对个人信息出境的业务需求、适配不同规模、场景下个人信息出境的实际特点，与 2022 年已实行的《数据出境安全评估办法》相互补充、衔接，为"非关键、小规模"的个人信息出境行为提供了实行准则，为"标准合同"这一个人信息跨境方式提供落地蓝本，进一步完善了个人信息出境管理机制。2023 年 5 月，国家互联网信息办公室公布《个人信息出境标准合同备案指南（第一版）》，对个人信息出境标准合同备案方式、备案流程、备案材料等具体要求做出说明，指导和帮助个人信息处理者规范、有序备案个人信息出境标准合同，《办法》的实施得以落地。《办法》作为个人信息安全保护制度体系中重要的配套规章，对规范促进数据和个人信息依法有序流动具有十分重要的制度价值和现实意义，也意味着中国个人信息出境正式步入"标准化"法治时代。

第三节 《证券期货业网络和信息安全管理办法》

一、出台背景

近年来，随着大数据、云计算、区块链和人工智能等新技术应用不断深入，证券期货业务与新兴技术融合加速，行业对网络安全和信息化的依赖性日渐提升。同时，行业机构数字化智能化转型持续提速，行业内主体信息系统建设任务明显增加，网络和信息安全管理能力面临更大挑战。由于制定时间较早、监管实践变化等，发布于 2012 年的《证券期货业信息安全保障管理办法》(证监会令第 82 号)等相关监管规则难以与《中华人民共和国网络安全法》《中华人民共和国数据安全法》《中华人民共和国个人信息保护法》《关键信息基础设施安全保护条例》等法律法规有效衔接；面临新的网络安全风险，行业网络安全防护要求有待进一步完善和落实。面对上述新情况新问题，中国证券监督管理委员会于 2023 年 2 月公布《证券期货业网络和信息安全管理办法》(以下简称《办法》)，以此健全证券期货业网络和信息安全监管制度体系，构建证券期货业网络和信息安全管理的体系框架，提升行业安全保障能力。

二、主要内容

(一)《办法》强调网络和信息系统安全运行

《办法》督促行业机构建立健全网络和信息安全管理体制机制，提升安全运行保障能力。一是要求核心机构、经营机构具有完善的治理架构，强化管理层责任，指定或设立牵头部门，保障资源投入。二是对核心机构、经营机构的信息系统和相关基础设施提出基本要求，明确等级保护义务。三是要求核心机构、经营机构审慎进行系统新建、变更和移除，充分评估技术和业务风险，保证充分测试，及时履行投资者告知义务，加强网络和信息安全日常监测。四是要求核心机构、经营机构建立网络和信息安全防护体系，明确数据备份、信息系统备份有关要求，常态化开展压力测试。五是强化核心机构、经营机构对供应商的管理，督促信息技术系统服务机构履行备案义务，提升自主研发和安全可控能力，加强知识产权保护。六是明确安全信息发布和行业数据备份中心相关要求。

（二）《办法》关注保护投资者个人信息

《办法》从多个维度提出对个人信息保护的相关要求。一是明确核心机构和经营机构处理投资者个人信息的基本原则，要求建立健全投资者个人信息保护体系和管理机制，履行保护义务。二是明确核心机构和经营机构在投资者个人信息处理、共享环节的安全防护要求。三是提出核心机构和经营机构在网络安全防护边界外处理投资者个人信息的技术要求，防范化解信息泄露风险。四是对核心机构和经营机构收集客户生物特征的必要性和安全性提出评估要求。

（三）《办法》支持网络和信息安全技术应用与发展

《办法》立足宏观视角，对证券期货行业网络安全未来发展指明方向。一是鼓励相关机构在依法合规、风险可控、不损害投资者利益的前提下，开展行业网络和信息安全技术应用。二是核心机构、经营机构可以在保障自身信息系统安全的前提下，为行业提供信息基础设施服务。三是建立金融科技创新监管机制，加强网络和信息安全监管专业支撑，核心机构可以申请国家相关专业资质，开展行业网络和信息安全相关认证、检测、测试和风险评估等工作。四是强化行业人才队伍建设，定期开展网络和信息安全宣传与教育。五是发挥行业协会作用，引导技术创新与应用，组织科技奖励，促进行业科技进步、市场公平竞争。

（四）《办法》明确风险事件应对机制

《办法》就网络安全和风险应对设有完善方法。一方面，《办法》着眼前期准备工作，要求建立风险监测预警体制，加强日常漏洞扫描、安全评估，及时消除风险隐患；完善应急预案的应急场景和处置流程，定期开展应急演练；强化网络安全事件报告和调查处理工作，明确故障排查、相关方告知等工作要求。另一方面，《办法》细化监督管理与法律责任，规定行业机构的报告义务和流程要求；建立健全行业网络和信息安全态势感知工作机制，开展风险隐患行业通报；明确证监会及其派出机构可以委托专业机构采用渗透测试、漏洞扫描和风险评估等方式对行业机构开展监督检查；依据相关法律法规，结合违法违规的具体情形，规定相应罚则，并规定创新容错相关制度安排。

三、简要评析

《办法》为证券期货业网络和信息安全管理工作提供了符合行业特点、满足场景需求的详细规定。《办法》聚焦网络和信息安全管理，强化个人信息保护，结合证券期货业特点，为相关法律法规在证券期货业的有效落地明确实施路径、提供制度保障。应当注意，《办法》是对行业近年来监管工作成效的总结，制度化机制化科技监管深化改革成果，成功将实践经验转化为制度条款。具体内容方面，《办法》以保障安全为基本原则，从建设、运维、使用网络及信息系统，到识别、监测、防范、处置风险等方面，构建了完整的网络和信息安全监管框架，对行业机构提出全方位的管理要求。《办法》针对证券期货业各类主体的责任义务和业务特点，对证券期货业关键信息基础设施运营者、核心机构、经营机构以及信息技术系统服务机构从网络和信息安全管理方面分别提出监管要求；同时厘清职责分工，对监管部门、自律组织的网络和信息安全监管职责做出明确规定。

第四节 《公路水路关键信息基础设施安全保护管理办法》

一、出台背景

公路水路关键信息基础设施是指在公路水路领域，一旦遭到破坏、丧失功能或者数据泄露，可能严重危害国家安全、国计民生和公共利益的重要网络设施、信息系统等。加强关键信息基础设施安全保护可谓交通运输行业网络安全工作的重中之重。《关键信息基础设施安全保护条例》（以下简称《条例》）对开展国家关键信息基础设施安全保护工作提出了系统规范；《交通强国建设纲要》《国家综合立体交通网规划纲要》明确要求加强交通信息基础设施安全保护、健全关键信息基础设施安全保护体系。为全面贯彻落实党中央、国务院关于加快建设交通强国的决策部署，细化落实《条例》制度规定，系统解决公路水路领域关键信息基础设施安全保护实践中存在的各级监管责任划分不够清晰、运营者主体责任压实不够、安全防护体系不够健全、保护工作实施不够规范等问题，2023 年 4 月交通运输部出台《公路水路关键信息基础设施安全保护管理办法》（以下简称《办法》），全面保障关键信息基础设施的安全运行。

二、主要内容

（一）明确关键信息基础设施管理体制

《办法》规定交通运输部负责全国关键信息基础设施安全保护和监督管理，并对在全国范围运营以及其他经交通运输部评估明确由部管理的关键信息基础设施实施安全保护和监督管理工作；省级交通运输主管部门对本行政区域内运营的关键信息基础设施实施安全保护和监督管理。此外，在具体管理事项上对部省两级交通运输主管部门职责予以细化。

（二）建立关键信息基础设施认定机制

《办法》明确交通运输部作为关键信息基础设施认定主体，负责制定认定规则、组织认定工作。其中，制定和修改认定规则应当主要考虑下列因素：一是网络设施、信息系统等对于公路水路关键核心业务的重要程度；二是网络设施、信息系统等是否存储处理国家核心数据，以及网络设施、信息系统等一旦遭到破坏、丧失功能或者数据泄露可能带来的危害程度；三是对其他行业和领域的关联性影响。《办法》就具体认定程序进行了详细说明。

（三）压实运营者主体责任

《办法》建立关键信息基础设施全过程保护制度，要求安全保护措施应当与关键信息基础设施同步规划、同步建设、同步使用。《办法》要求运营者应当建立健全网络安全保护制度和责任制，保障人力、财力、物力投入。《办法》就运营者在机构设置、人员配备、经费保障、产品和服务采购、安全检测和风险评估，以及数据保护、密码应用、保密管理、教育培训等方面的责任和义务给出了明确规定。

（四）强化全流程安全监管能力

一是要求交通运输部制定关键信息基础设施规划，明确保护目标、基本要求、工作任务和具体措施。二是明确交通运输主管部门和运营者在监测预警能力建设、应急预案制定演练、安全防范和安全事件报告等方面的责任和义务。三是通过定期开展安全检查检测、约谈运营单位负责人、实施行政处罚和政务处分等方式落实监管责任。

三、简要评析

《条例》的出台为各行业领域深入开展关键信息基础设施安全保护提供了法规和制度保障，进一步强化了对保护工作部门、关键信息基础设施所在地人民政府有关部门、关键信息基础设施运营者的责任约束，对做好关键信息基础设施安全保护提出了更高更细更具体的管理要求。《办法》坚持问题导向，针对关键信息基础设施安全保护实践中存在的突出问题，细化《条例》内容要求，将实践证明成熟有效的做法上升为部门规章制度；同时，《办法》与中央网信办、公安部等部委关于关键信息基础设施安全保护的政策规定紧密衔接，突出国家、地方和行业多方支持，推动各方整合防护资源，为落实人力、物力、财力等提供保障。《办法》是中国首个行业级关键信息基础设施保护专项规章，细化交通运输部、省级人民政府交通运输主管部门、关键信息基础设施运营者等各方职责，强化对履责情况监督、对失责情况问责，推动形成监管有力、共同保护的工作格局。

第五节 《生成式人工智能服务管理暂行办法》

一、出台背景

人工智能技术已经成为新一轮科技革命和产业变革的重要驱动力量，如何保证人工智能技术健康发展和规范应用成为亟待解决的问题。2023 年 4 月28 日，中共中央政治局召开会议指出："要重视通用人工智能发展，营造创新生态，重视防范风险。"在人工智能技术领域中，以 ChatGPT 为代表的生成式人工智能技术（具有文本、图片、音频、视频等内容生成能力的模型及相关技术）自 2022 年以来快速发展，在多个行业展现出广泛的应用和发展前景，受到社会各界广泛关注。但与此同时，生成式人工智能技术也面临数据安全、隐私保护、伦理道德方面的诸多风险与挑战。为促进生成式人工智能健康有序发展,国家互联网信息办公室联合国家发展和改革委员会、教育部、科技部、工业和信息化部、公安部、国家广播电视总局于 2023 年 7 月公布《生成式人工智能服务管理暂行办法》（以下简称《办法》），明确促进生成式人工智能技术发展的具体措施，规定生成式人工智能服务的基本规范。

二、主要内容

（一）促进生成式人工智能健康发展

《办法》提出采取有效措施鼓励生成式人工智能创新发展，对生成式人工智能服务实行包容审慎和分类分级监管。《办法》要求国家有关主管部门针对生成式人工智能技术特点及其在有关行业和领域的服务应用，完善与创新发展相适应的科学监管方式，制定相应的分类分级监管规则或指引。具体措施方面，《办法》明确鼓励生成式人工智能技术在各行业、各领域的创新应用，生成积极健康、向上向善的优质内容，探索优化应用场景，构建应用生态体系；支持行业组织、企业、教育和科研机构、公共文化机构、有关专业机构等在生成式人工智能技术创新、数据资源建设、转化应用、风险防范等方面开展协作；鼓励生成式人工智能算法、框架、芯片及配套软件平台等基础技术的自主创新，平等互利开展国际交流与合作，参与生成式人工智能相关国际规则制定；提出推动生成式人工智能基础设施和公共训练数据资源平台建设，促进算力资源协同共享，提升算力资源利用效能，推动公共数据分类分级有序开放，扩展高质量的公共训练数据资源，鼓励采用安全可信的芯片、软件、工具、算力和数据资源。

（二）规范生成式人工智能服务提供和使用

《办法》明确提供和使用生成式人工智能服务应当遵守法律、行政法规，尊重社会公德和伦理道德，并遵守以下规定：坚持社会主义核心价值观，不得生成法律、行政法规禁止的内容；在算法设计、训练数据选择、模型生成和优化、提供服务等过程中，采取有效措施防止产生民族、信仰、国别、地域、性别、年龄、职业、健康等歧视；尊重知识产权、商业道德，保守商业秘密，不得利用算法、数据、平台等优势，实施垄断和不正当竞争行为；尊重他人合法权益，不得危害他人身心健康，不得侵害他人肖像权、名誉权、荣誉权、隐私权和个人信息权益；基于服务类型特点，采取有效措施，提升生成式人工智能服务的透明度，提高生成内容的准确性和可靠性。

（三）关注生成式人工智能数据处理情况

《办法》牢牢抓住了生成式人工智能技术服务安全可靠发展的关键要素：数据。对此，《办法》要求生成式人工智能服务提供者（以下简称提供者）

依法开展预训练、优化训练等训练数据处理活动，提供者应当使用具有合法来源的数据和基础模型；不得侵害他人依法享有的知识产权（涉及知识产权的）；涉及个人信息的应取得个人同意或者符合法律、行政法规的规定；采取有效措施提高训练数据质量，增强训练数据的真实性、准确性、客观性、多样性；遵守《中华人民共和国网络安全法》（以下简称《网络安全法》）《中华人民共和国数据安全法》（以下简称《数据安全法》）《中华人民共和国个人信息保护法》（以下简称《个人信息保护法》）等法律、行政法规的其他相关规定和主管部门的相关监管要求。技术研发过程中如进行数据标注，《办法》要求提供者制定符合《办法》要求的清晰、具体、可操作的标注规则；开展数据标注质量评估，抽样核验标注内容的准确性；对标注人员进行必要培训，提升其遵法守法意识，监督指导标注人员规范开展标注工作。

（四）明确生成式人工智能服务治理规则

《办法》针对提供者划定多重义务，以此实现对生成式人工智能服务的有效治理。一是提供者应当依法承担网络信息内容生产者责任，履行网络信息安全义务。涉及个人信息的，依法承担个人信息处理者责任，履行个人信息保护义务。二是提供者应当明确并公开其服务的适用人群、场合、用途，指导使用者科学理性认识和依法使用生成式人工智能技术，采取有效措施防范未成年人用户过度依赖或者沉迷生成式人工智能服务。三是提供者对使用者的输入信息和使用记录应当依法履行保护义务，不得收集非必要个人信息，不得非法留存能够识别使用者身份的输入信息和使用记录，不得非法向他人提供使用者的输入信息和使用记录，依法及时受理和处理个人关于查阅、复制、更正、补充、删除其个人信息等的请求。四是提供者应当按照《互联网信息服务深度合成管理规定》对图片、视频等生成内容进行标识。五是发现违法内容，提供者应当及时采取停止生成、停止传输、消除等处置措施，采取模型优化训练等措施进行整改，并向有关主管部门报告。六是发现使用者利用生成式人工智能服务从事违法活动，提供者应当依法依约采取警示、限制功能、暂停或者终止向其提供服务等处置措施，保存有关记录，并向有关主管部门报告。七是提供者应当建立健全投诉、举报机制，设置便捷的投诉、举报入口，公布处理流程和反馈时限，及时受理、处理公众投诉举报并反馈处理结果。八是如果提供具有舆论属性或者社会动员能力的生成式人工智能服务，应当按照国家有关规定开展安全评估，并按照《互联网信息服务算法推荐管理规定》履行算法备案和变更、注销备案手续。九是提供者应当依法配合有关主管部门依据职责对生成式人工智能服务开展监督检查，按要求对训练数据来源、规模、类型、标注规则、算法机制机理等予以说明，并提供必要的技术、数据等支持和协助。

三、简要评析

《办法》的出台有力促进了生成式人工智能健康发展，同时对生成式人工智能服务风险形成有效防范，就统筹生成式人工智能发展和安全回应各方关注。《办法》围绕发展和安全并重、创新和治理相结合的基本原则，就服务提供和使用、技术发展与治理等重点事宜给出体系性的指导意见和规范举措。《办法》内容与《中华人民共和国网络安全法》《中华人民共和国数据安全法》《中华人民共和国个人信息保护法》《互联网信息服务算法推荐管理规定》《互联网信息服务深度合成管理规定》等法律法规形成紧密衔接，为我国人工智能技术产业提供了明确的发展方向。《办法》的出台体现了我国对人工智能技术服务飞速发展的关切，对促进生成式人工智能健康发展、生成式人工智能技术更好地造福人民具有重大意义。

第六节 《网络暴力信息治理规定（征求意见稿）》

一、出台背景

随着互联网的普及和社交媒体的蓬勃发展，网络空间已成为人们交流、表达意见和分享信息的重要场所。然而，近年来网络暴力现象愈演愈烈，侮辱谩骂、造谣诽谤、侵犯隐私、贬低歧视等网络暴力信息层出不穷，在侵犯公民合法权益的同时严重破坏了网络生态。为了强化网络暴力信息的治理，营造良好网络生态，保障公民合法权益，维护社会公共利益，国家互联网信息办公室根据《中华人民共和国网络安全法》《中华人民共和国个人信息保护法》《互联网信息服务管理办法》等法律法规，吸收《关于切实加强网络暴力治理的通知》的具体措施，起草《网络暴力信息治理规定（征求意见稿）》（以下简称《规定》），于2023年7月向社会公开征求意见。

二、主要内容

《规定》明确界定了网络暴力信息的定义，即通过网络对个人集中发布的侮辱谩骂、造谣诽谤、侵犯隐私，以及严重影响身心健康的道德绑架、贬低歧视、恶意揣测等违法和不良信息。对此，《规定》要求网络信息服务提供者履行信息内容管理主体责任，建立完善网络暴力信息治理机制，健全账号管理、信息发布审核、监测预警、举报救助、网络暴力信息处置等制度。

《规定》关注网络暴力信息监测预警工作。《规定》要求网络信息服务提供者建立健全网络暴力信息分类标准和典型案例样本库，在区分舆论监督和善意批评的基础上，明确细化网络暴力信息标准，增强识别准确性；根据历史发布信息、违规处置、举报投诉等情况，动态管理涉网络暴力重点账号，及时采取干预限制措施；建立健全网络暴力信息预警模型，综合考虑事件类别、针对主体、参与人数、信息内容、发布频次、环节场景、举报投诉等维度，及时发现预警网络暴力风险。

《规定》强调对网络暴力信息的有效处置。《规定》要求网络信息服务提供者发现侮辱谩骂、造谣诽谤、侵犯隐私等网络暴力信息，应当采取删除屏蔽、断开链接、限制传播等处置措施；加强对跟帖评论信息内容的管理，及时处置以评论、回复、留言、弹幕、点赞等方式发布、传播的网络暴力信息；加强对网络社区版块、网络群组的管理，不得在词条、话题、超话、群组、贴吧等环节集纳网络暴力信息，禁止创建以匿名投稿、隔空喊话等名义发布导向不良等内容的话题版块和群组账号；强化直播和短视频内容审核，及时阻断涉及网络暴力信息的直播，处置含有网络暴力信息的短视频；不得为传播网络暴力的账号、机构等提供流量、资金等支持。

《规定》要求建立并完善网络暴力防护功能。《规定》提出，网络信息服务提供者应当提供一键关闭陌生人私信、评论、转发和消息提醒等设置，用户面临网络暴力风险时，应当及时发送系统信息，提示启动一键防护；应当完善私信规则，允许用户根据自身需要设置仅接收好友私信或拒绝接收所有私信，采取技术措施阻断网络暴力信息通过私信传输；发现网络暴力当事人涉及未成年人、老年人，当事人在公开环节表示遭受网络暴力，若不及时采取强制介入措施可能造成严重后果的其他情形等情况时，应当及时协助当事人启动一键防护，切实强化当事人保护；应当在显著位置设置专门的网络暴力信息快捷投诉举报入口，开通网络暴力信息投诉举报电话，简化投诉举报程序；应当向用户提供针对网络暴力信息的一键取证等功能，提高证据收集便捷性；坚持最有利于未成年人的原则，优先处理涉及未成年人网络暴力信息的举报，发现未成年人用户存在遭受网络暴力风险时立即处置违法违规信息，提供保护救助服务，并向有关部门报告。

三、简要评析

《规定》作为第一部关于防治网络暴力的部门规章，对于遏制网络暴力行为、保护公民合法权益具有重要意义。《规定》明确网络信息服务提供者对于网络暴力信息治理应当履行的主体责任义务，并以此为基础，建立了全方位、全过程的网络暴力信息治理体系，保证网络暴力信息能够被及时发现和有效处置，能够切实有效减少网络暴力对网民带来的伤害，营造更加美好的网络生态环境。《规定》的出台是网络空间法治化建设的重要一步，征求意见结束后出台的正式版本将成为中国网络信息内容治理版块中的重要组成部分，有望为营造清朗网络空间、保护公民合法权益提供有力保障。

第七节 《个人信息保护合规审计管理办法（征求意见稿）》

一、出台背景

随着信息技术的迅猛发展和大数据时代的到来，个人信息的收集、存储、使用等处理活动日益频繁，个人信息保护问题越发凸显其重要性。《中华人民共和国个人信息保护法》（以下简称《个人信息保护法》）有效规范了个人信息处理活动，保障了个人信息权益，为个人信息保护工作提供了坚实的法律保障。但实践中，面对更细颗粒度的管控需求，还需要具体配套措施辅助，保证《个人信息保护法》切实发挥作用。在这一背景下，2023 年 8 月，国家互联网信息办公室公布《个人信息保护合规审计管理办法（征求意见稿）》（以下简称《办法》）。《办法》出台，旨在进一步细化《个人信息保护法》第五十四、六十四条中关于个人信息保护合规审计的相关规定，为个人信息处理者提供明确的合规指引，同时也为监管部门提供有效的监管手段。根据《办法》开展合规审计，可以及时发现和纠正个人信息处理活动中存在的问题，提高个人信息保护水平，保障个人信息安全。

二、主要内容

（一）合规审计触发条件

根据《办法》，个人信息处理者需要定期开展个人信息保护合规审计，或者按照履行个人信息保护职责的部门要求委托专业机构进行合规审计。具体来说，对处理超过 100 万人个人信息的处理者，应当每年至少开展一次个人信息保护合规审计；其他个人信息处理者应当每两年至少开展一次个人信息保护合规审计。如果履行个人信息保护职责的部门在履行职责中发现个人信息处理活动存在较大风险或者发生个人信息安全事件，可以要求个人信息处理者委托专业机构进行合规审计。

（二）合规审计开展方式

《办法》明确不同触发条件下合规审计的具体开展方式。具体而言，个人信息处理者自行开展个人信息保护合规审计，可根据实际情况，由本组织内部机构或者委托专业机构按照《办法》要求开展。个人信息处理者按照履行个人信息保护职责的部门要求开展个人信息保护合规审计的，应当在收到通知后尽快按照要求选定专业机构进行个人信息保护合规审计。《办法》附带公布《个人信息保护合规审计参考要点》（以下简称《要点》），列明开展合规审计应当重点审查的事项，以作参考。《要点》将《个人信息保护法》规定事项进一步量化、细化，关注个人信息处理活动的合法性、正当性和透明性，覆盖个人信息的收集、存储、使用、加工、传输、提供、公开、删除等全生命周期各环节。

（三）专业机构合规审计实施要求

为了确保专业机构合规审计的有效实施，《办法》对个人信息处理者和专业机构都提出了明确的要求。个人信息处理者应当在收到履行个人信息保护职责的部门通知后尽快按照要求选定专业机构进行个人信息保护合规审计，并保证专业机构能够正常行使查阅、进场、观察、调查、检测、调取、访谈、取证等开展合规审计工作所必需的一系列权限；个人信息处理者应当在 90 个工作日内完成个人信息保护合规审计；在实施必要的合规审计程序后，应当及时将专业机构出具的个人信息保护合规审计报告报送履行个人信息保护职责的部门；并按照专业机构给出的整改建议进行整改，经专业机构复核后将整改情况报送履行个人信息保护职责的部门。专业机构方面，应当保持独立性和客观性，连续为同一审计对象开展个人信息保护合规审计不得超过三次；诚信正直、公正客观地作出合规审计职业判断；专业机构不得转包委托第三方开展个人信息保护合规审计；在履行个人信息保护合规审计职责时不得恶意干扰个人信息处理者的正常经营活动；专业机构在履职过程中还负有保密和安全保障责任。

三、简要评析

《办法》作为贯彻落实《个人信息保护法》的重要规定，旨在指导、规范个人信息保护合规审计活动，提高个人信息处理活动合规水平。《办法》构建的合规审计制度流程为个人信息处理者提供了明确的合规指引，有助于个人信息处理者进行自我监督；同时也为监管部门提供了有力的执法依据，使个人信息保护外部监督工作获得切实有效的抓手。《办法》对规范个人信息处理活动、增强个人信息处理者的合规意识、提高个人信息保护水平、保障个人信息安全、维护个人信息权益具有明显的推动作用。《办法》的出台意味着个人信息保护合规审计工作驶上制度化轨道，为后续开展个人信息保护合规审计活动、管理个人信息保护合规审计机构等工作打下坚实基础。

第八节 《人脸识别技术应用安全管理规定（试行）（征求意见稿）》

一、出台背景

近年来，中国不断加大人脸识别技术监管力度，出台了一系列政策法规。然而，这些政策法规大多分散于不同的法律文件和标准中，缺乏系统性的规定和明确的指导。为了规范人脸识别技术的应用，保护个人信息安全和隐私权益，维护社会秩序和公共安全，国家互联网信息办公室于 2023 年 8 月发布了《人脸识别技术应用安全管理规定（试行）（征求意见稿）》（以下简称《规定》），对当前人脸识别技术被滥用现象形成有力回应，人脸识别技术应用正式进入强监管时代。

二、主要内容

（一）明确人脸识别技术应用前提

《规定》对人脸识别技术的应用呈严格限制和审慎态度。《规定》从三个方面明确人脸识别技术应用的前提条件：基本原则方面，使用人脸识别技术应当遵守法律法规，遵守公共秩序，尊重社会公德，承担社会责任，履行个人信息保护义务，不得利用人脸识别技术从事危害国家安全、损害公共利益、扰乱社会秩序、侵害个人和组织合法权益等法律法规禁止的活动。从处理者的角度出发，《规定》要求只有在具有特定的目的和充分的必要性，并采取严格保护措施的情形下，方可使用人脸识别技术处理人脸信息。特别地，实现相同目的或者达到同等业务要求，存在其他非生物特征识别技术方案的人脸识别技术，应当优先选择非生物特征识别技术方案。为维护被处理者权益，《规定》明令使用人脸识别技术处理人脸信息应当取得个人同意或者依法取得书面同意。法律、行政法规规定不需要取得个人同意的除外。

（二）严格管控图像采集、个人身份识别设备的安装

《规定》从源头出发，通过对图像采集、个人身份识别设备的管制促成对人脸识别技术的有效管理。一是旅馆客房、公共浴室、更衣室、卫生间及其他可能侵害他人隐私的场所不得安装图像采集、个人身份识别设备。二是在公共场所安装图像采集、个人身份识别设备，应当为维护公共安全所必需，遵守国家有关规定，设置显著提示标识。建设、使用、运行维护单位，对获取的个人图像、身份识别信息负有保密义务，不得非法泄露或者对外提供。三是为实施内部管理安装图像采集、个人身份识别设备的组织机构应当根据实际需求合理确定图像信息采集区域，采取严格保护措施，防止违规查阅、复制、公开、对外提供、传播个人图像等行为，防止个人信息泄露、篡改、丢失或者被非法获取、非法利用。

（三）重点整治人脸识别信息采集乱象

《规定》着眼实际，对目前实践中最常见、最恶劣的一部分人脸识别信息处理不当行为进行针对性治理。一是就宾馆、银行、车站、机场、体育场馆、展览馆、博物馆、美术馆、图书馆等经营场所，《规定》要求除法律、行政法规规定应当使用人脸识别技术验证个人身份外，不得以办理业务、提升服务质量等为由强制、误导、欺诈、胁迫个人接受人脸识别技术验证个人身份。二是为维护国家安全、公共安全或者为紧急情况下保护自然人生命健康和财产安全所必需，并由个人或者利害关系人主动提出，才可在公共场所、经营场所使用人脸识别技术远距离、无感式辨识特定自然人。三是除维护国家安全、公共安全或者为紧急情况下保护自然人生命健康和财产安全所必需，或者取得个人同意外，任何组织或者个人不得利用人脸识别技术分析个

人种族、民族、宗教信仰、健康状况、社会阶层等敏感个人信息。四是涉及社会救助、不动产处分等个人重大利益的，不得使用人脸识别技术替代人工审核个人身份，可以将人脸识别技术作为验证个人身份的辅助手段。五是处理不满十四周岁未成年人人脸信息应当取得未成年人的父母或者其他监护人的单独同意或者书面同意。六是物业服务企业等建筑物管理人不得将使用人脸识别技术验证个人身份作为出入物业管理区域的唯一方式，个人不同意通过人脸信息进行身份验证的，物业服务企业等建筑物管理人应当提供其他合理、便捷的身份验证方式。

（四）划定人脸识别技术使用者责任义务

《规定》提出，人脸识别技术使用者处理人脸信息，应当事前进行个人信息保护影响评估，并对处理情况进行记录。个人信息保护影响评估报告应当至少保存三年。处理人脸信息的目的、方式发生变化，或者发生重大安全事件的，人脸识别技术使用者则应当重新进行个人信息保护影响评估。更特殊地，对于在公共场所使用人脸识别技术或者存储超过 1 万人人脸信息的人脸识别技术使用者，《规定》要求应当在 30 个工作日内向所属地市级以上网信部门备案；备案信息发生实质性变更的，应在变更之日起 20 个工作日内办理备案变更手续；终止人脸识别技术使用的，应在终止之日起 30 个工作日内办理备案注销手续。此外，《规定》还就保存人脸原始图像、图片、视频，网络安全等级保护，设备安全和风险检测评估等事项对人脸识别技术使用者加以要求。

三、简要评析

《规定》是中国首部针对人脸识别技术应用安全的专项规章，是中国在人脸识别技术应用领域的一次重要立法尝试，提出的各项制度对建立中国人脸识别领域安全管理体系具有重大价值，在规范人脸识别技术应用、保护个人信息权益、促进人脸识别技术合规发展和提升社会信任度接受度等方面能够发挥显著作用，标志着中国的人脸识别领域个人信息保护和数据安全立法体系逐渐完善成熟。

第五章

2023 年中国网络安全重要标准规范

第一节 GB/T 42446—2023《信息安全技术 网络安全从业人员能力基本要求》

一、出台背景

在当今数字化时代，网络安全问题日益凸显，成为影响国家安全和社会稳定的重要因素。随着信息技术的迅猛发展，网络攻击手段不断翻新，网络安全防护工作面临着前所未有的挑战。为确保网络空间的安全与稳定，不仅需要先进的技术手段，更需要一支高素质、专业化的网络安全从业人员队伍。然而，长期以来，中国网络安全领域存在着人员总量不足、"人岗不匹配"等问题，严重制约了网络安全行业的健康发展。解决上述问题，推进网络安全从业人员职业化建设显得尤为重要。为了规范网络安全从业市场、提升从业人员能力水平，保障网络和信息系统的安全，GB/T 42446—2023《信息安全技术 网络安全从业人员能力基本要求》于 2023 年 3 月发布。这一标准的出台标志着中国网络安全从业人员能力建设进入全新阶段，对于推动网络安全行业的持续、健康发展具有重要意义。

二、主要内容

该标准将网络安全从业人员划分为网络安全管理、网络安全建设、网络安全运营、网络安全审计和评估及网络安全科研教育五大类，同时描述了网络安全规划和管理、网络数据安全保护、个人信息保护、密码技术应用、网络安全需求分析、网络安全架构设计、网络安全开发、供应链安全管理、网络安全集成实施、网络安全运维、网络安全监测和分析、网络安全应急管理、网络安全审计、网络安全测试、网络安全评估、网络安全认证、电子数据取证、网络安全咨询、网络安全研究、网络安全培训和评价二十类工作任务。每类工作人员承担不同的具体网络安全工作任务。在此基础上，标准对每类从业人员划定了不同的应当具备的知识和技能。该标准还给出了工作任务、工作类别、知识和技能之间的关系图谱，以及工作类别和工作任务的对应关系图谱。这些图谱清晰地展示了从业人员在完成工作任务时所需具备的能力要求，有助于使用者更好地理解和应用这一标准。

三、简要评析

GB/T 42446—2023《信息安全技术 网络安全从业人员能力基本要求》不仅为网络安全从业人员的职业发展提供了明确的指引，也为网络安全行业的规范化、专业化发展奠定了坚实基础。该标准为网络安全从业人员的选拔、培养、评价和管理提供了标准化的指导，有助于提升网络安全从业人员的整体能力水平，缓解人岗不匹配的问题，增强网络安全防护工作中从业人员的针对性和有效性。该标准强调沟通协调能力在网络安全领域的重要性，有助于促进网络安全从业人员之间的沟通和协作，提高网络安全防护的效率和效果。该标准将为网络安全教育、技术培训和技能考核等工作提供有力的支撑，有助于推动网络安全行业的持续、健康发展，为中国的网络安全事业提供坚实的人才保障。可将该标准的出台视为我国网络安全行业发展的重要节点，对于提升网络安全从业人员的整体能力水平、促进网络安全行业的持续健康发展具有重要意义。

第二节 GB/T 42460—2023《信息安全技术 个人信息去标识化效果评估指南》

一、出台背景

个人信息保护议题在当下已经成为公众关注的焦点。随着大数据、云计算等技术的快速发展，个人信息的收集、处理和应用日益频繁，这也带来了严峻的个人信息泄露和滥用风险。为了应对这一风险，中国出台《中华人民共和国个人信息保护法》，明确规定了个人信息处理者的义务，其中包括采取必要措施确保个人信息的安全，如去标识化等技术手段。然而，如何去标识化以及去标识化的效果如何评估，成为实践中亟待解决的问题。在此背景下，国家市场监督管理总局、国家标准化管理委员会于 2023 年 3 月发布了国家标准 GB/T 42460—2023《信息安全技术 个人信息去标识化效果评估指南》（以下简称《评估指南》）。该标准的出台，旨在为个人信息处理者提供去标识化效果评估的指导和依据，促进个人信息的合法合规使用和保护。

二、主要内容

《评估指南》基于数据是否能直接识别个人信息主体，或能以多大概率识别个人信息主体，将个人信息标识度划分为四级，用于区分个人信息去标识化效果。标准制定的去标识化效果评估流程分别为评估准备、定性评估、定量评估、形成评估结论，同时提出效果评估工作中沟通与协商和评估过程中的文档管理需贯穿于整个评估过程。《评估指南》详细介绍了以上不同阶段需要完成的工作。此外，《评估指南》通过附录给出了直接标识符、准标识符示例，并详细说明了准标识符识别和去标识化效果评估的机制。

三、简要评析

《评估指南》兼具科学性、实用性、指导性、创新性，对于保障个人信息安全、促进个人信息去标识化技术的有效应用具有重要意义。《评估指南》提供了明确的评估依据，个人信息处理者可以更加准确地评估去标识化的效果，从而确保个人信息的安全和合规使用。《评估指南》促进了技术发展和创新，个人信息处理者需要不断探索和应用新的去标识化技术，从而提高个人信息的保护水平。《评估指南》有利于提升公众信任度，个人信息处理者可以展示其对个人信息保护的重视和努力，有助于提升公众对个人信息处理者的信任度，促进信息社会的和谐发展。《评估指南》为中国个人信息保护工作的深入发展提供了有力支撑。

第三节　GB/T 20986—2023《信息安全技术　网络安全事件分类分级指南》

一、出台背景

随着信息技术的迅猛发展和网络空间的不断拓展，网络安全问题日益凸显，网络安全事件也呈现出多样化、复杂化的趋势。为了更有效地应对网络安全事件，提升网络安全防护能力和应急处置水平，GB/T 20986—2023《信息安全技术 网络安全事件分类分级指南》（以下简称《分级指南》）获得发布。这一标准的出台，不仅是对当前网络安全形势的积极回应，也是中国网络安全标准化体系建设的重要一环。《分级指南》有助于网络运营者及相关部门对网络安全事件进行快速、准确的研判，从而做出及时有效应对。通过统一的事件分类和分级标准，可以促进各方之间的信息共享和协同工作，提高整体防御能力。《分级指南》的实施实际上也有助于提升全社会的网络安全意识和应对能力，共同维护网络空间的安全稳定。

二、主要内容

网络安全事件分类：根据网络安全事件的起因、威胁、攻击方式和损害后果等因素，将网络安全事件分为 10 类，包括恶意程序事件、网络攻击事件、数据安全事件、信息内容安全事件、设备设施故障事件、违规操作事件、安全隐患事件、异常行为事件、不可抗力事件和其他事件。每类事件之下再分若干子类，以便更精细地识别和管理网络安全事件。

网络安全事件分级：根据网络安全事件影响对象的重要程度、业务损失的严重程度和社会危害的严重程度三个分级要素进行评定，将网络安全事件分为不同的级别。具体评定流程包括确定网络安全事件影响对象的重要程度、评定业务损失的严重程度和社会危害的严重程度、根据附录表格评定对应的网络安全事件级别，最终将高者确定为网络安全事件级别。

网络安全事件分类代码：《分级指南》附录 B 确定了网络安全事件分类代码，以便于信息通报、事件研判等应用。这些代码为网络安全事件的分类和识别提供了标准化的标识方法；附录 A 则将网络安全事件类别和级别的关联关系一一说明。

三、简要评析

《分级指南》为网络安全事件的分类和分级提供了统一的标准和方法，实现了网络安全事件管理的标准化和规范化，有助于提高网络安全事件的识别、研判和处置效率，降低网络安全风险；实现了对网络安全事件的全面覆盖和精细管理，有助于更准确地识别网络安全事件的类型和级别，为网络安全事件的应对提供更有针对性的指导。《分级指南》中的分类分级方法和分类代码具有实用性和可操作性，便于网络运营者以及相关部门在实际工作中应用。同时，《分级指南》还提供了详细的评定流程和示例，有助于指导相关人员正确进行网络安全事件的分类和分级工作。《分级指南》不仅提高了网络安全管理的效率，也降低了误判和漏判的风险。《分级指南》的出台是中国网络安全标准化工作的重要成果之一，它将为中国的网络安全管理提供有力的技术支持和保障，推动网络安全事业向更高水平发展。

第四节 GB/T 35274—2023《信息安全技术 大数据服务安全能力要求》

一、出台背景

近年来，中国大数据产业蓬勃发展，大数据服务已渗透到各行各业，成为推动经济社会发展的重要力量。大数据产业是国家战略性新兴产业之一，其健康发展对于促进经济转型升级、提升国家竞争力具有重要意义。为了保障大数据服务的安全性，提升服务质量，急需制定相关安全标准来规范大数据服务提供者的行为。同时，随着《中华人民共和国数据安全法》和《中华人民共和国个人信息保护法》的颁布实施，有必要制定大数据服务安全能力要求标准，贯彻落实相关法律法规相关要求。最关键的是，GB/T 35274—2017自发布以来已经历多年，随着大数据技术的不断进步和安全威胁的不断变化，旧标准已无法满足当前大数据服务安全的需求，对旧标准进行修订以制定新版本的安全能力要求标准尤为重要。为了保障大数据服务的安全性，提升大数据服务提供者的安全能力，国家市场监督管理总局和国家标准化管理委员会于 2023 年 8 月发布 GB/T 35274—2023《信息安全技术 大数据服务安全能力要求》(以下简称《要求》)。

二、主要内容

《要求》面向拥有大数据平台、大数据应用和大数据服务所需数据资源的组织，从大数据组织管理安全能力、大数据处理安全能力和大数据服务安全风险管理能力三个方面规定了大数据服务提供者的大数据服务安全能力要求。

大数据组织管理安全能力：按照信息安全管理体系要求制定大数据安全策略与规程，从大数据服务组织与人员的安全管理，以及大数据服务所需的数据资产与系统资产管理视角制定数据安全管理等制度，满足大数据服务组织管理安全合规及数据安全风险管控要求。

大数据处理安全能力：针对数据收集、存储、使用、加工、传输、提供、公开、销毁等数据处理活动，从大数据平台和大数据应用业务及技术层面采取数据保护措施，满足大数据服务中数据处理活动相关的数据保护要求。

大数据服务安全风险管理能力：按照大数据服务中数据业务流转过程和数据处理活动安全保护要求，从风险识别、安全防护、安全监测、安全检查、安全响应和安全恢复六个环节建立大数据服务安全风险管理能力，采取风险应对措施使大数据服务及其数据资产始终处于有效保护、合法利用状态，保障大数据系统运营者所提供的大数据服务的可持续性。

三、简要评析

《要求》响应近年来出台的一系列大数据发展和安全保护相关政策要求，对大数据服务的安全进行细致衡量，形成紧密衔接。另外，《要求》满足市场多重需求，即大数据服务提供者需要一套统一的安全能力要求标准来指导其服务安全能力的建设；第三方机构也需要一套标准来对大数据服务提供者的安全能力进行评估，有助于提升大数据服务的整体安全水平。《要求》有助于规范大数据服务的安全要求，提升大数据服务的质量和安全性，从而推动大数据产业的健康发展。未来，《要求》还可能有助于我国掀起新一轮技术创新和产业升级，提升大数据服务的国际竞争力，推动中国在全球大数据产业中占据更有利的地位。

第五节　GB/T 42884—2023《信息安全技术　移动互联网应用程序（App）生命周期安全管理指南》

一、出台背景

随着移动互联网技术的飞速发展，智能手机等移动设备已成为人们日常生活中不可或缺的一部分。与此同时，移动互联网应用程序（App）的数量和类型也在迅速增加，从社交媒体、支付工具到健康管理等，各种应用不断涌现，极大地方便了人们的生活。然而，App 的广泛应用也带来了诸多安全隐患，如用户隐私泄露、恶意软件攻击等。为了加强移动互联网应用程序的安全管理，提高信息安全防护水平，保障用户合法权益，中国制定了一系列相关的法律法规和政策措施。其中，《中华人民共和国网络安全法》《中华人民共和国个人信息保护法》《App 违法违规收集使用个人信息行为认定方法》《常见类型移动互联网应用程序必要个人信息范围规定》等法律法规对网络安全和个人信息保护提出了明确要求。但是，随着移动互联网技术的不断发展，传统的安全管理方法已难以满足当前的需求，需要制定更加科学、系统、全面、细化的安全管理标准来指导 App 的安全管理。正是在这样的背景下，GB/T 42884—2023《信息安全技术 移动互联网应用程序（App）生命周期安全管理指南》（以下简称《管理指南》）应运而生，旨在为移动互联网应用程序的全生命周期安全管理提供科学、系统、全面的指导原则和实践方法，以确保在每个环节中都能有效实施信息安全控制措施，提升移动互联网应用的安全防护水平。

二、主要内容

《管理指南》提出 App 存在四类安全问题，即恶意程序、个人信息风险、应用行为风险、安全漏洞。其中，恶意程序包含恶意扣费、信息窃取、远程控制、恶意传播、资费消耗、系统破坏、诱骗欺诈、流氓行为等；个人信息风险包含未公开收集使用、未明示收集使用、未同意收集使用、违反必要原则、未经同意向他人提供、未提供更正删除功能或未公布投诉举报方式；应用行为风险包括用户管理风险、算法使用不当、频繁启动、诱导下载及其他行为；安全漏洞包含资源管理错误、输入验证错误、处理逻辑错误、加密问题、密码应用问题、数据转换问题、配置问题、信息泄露、故障注入等。

《管理指南》从安全威胁视角出发，针对 App 生命周期的七个阶段——需求分析、开发设计、测试验证、上架发布、安装运行、更新维护和终止运营，提出了具体的安全管理要求和风险监测管理要求，历经安全需求分析、安全质量分析、方案设计、方案评审、安全开发、代码管理、变更控制、安全测试、安全交付、资质信誉管理、上架审核、在架管理、整改处理、安装检测、运行监测、安全维护、安全更新等环节，同时实施组织制度管理、人员管理、文档管理、内容管理、业务数据管理，并行风险数据管理和安全漏洞管理，涵盖了 App 整个生命周期，确保了每个环节都能有效实施信息安全控制措施。

三、简要评析

　　《管理指南》是中国在移动互联网应用安全领域的重要成果。《管理指南》充分考虑了当前移动互联网应用安全的实际需求和未来发展趋势，体现了我国在这一安全领域的技术实力和管理水平。《管理指南》从全生命周期的角度出发，为 App 的安全管理提供了科学、系统、全面的指导原则和实践方法，有助于提升 App 的安全防护水平，保护用户合法权益，推动整个移动互联网行业的健康发展，提升中国在国际信息安全领域的影响力。

专　题　篇

第六章

人工智能安全

第一节　概念内涵

在当今数字化时代，人工智能迅速成为推动各行各业创新和转型的关键力量。人工智能安全是指通过采取必要措施，防范对人工智能系统的攻击、侵入、干扰、破坏和非法使用及意外事故，使人工智能系统处于稳定可靠运行的状态，以及遵循人工智能以人为本、权责一致等安全原则，保障人工智能算法模型、数据、系统和产品应用的完整性、保密性、可用性、稳健性、透明性、公平性和隐私的能力。人工智能安全可以分为以下五层架构。

一、人工智能供应链安全

人工智能供应链安全是指在人工智能供应链的整个生命周期中，确保所涉及的训练框架、第三方库、操作系统、数据库、芯片、云服务等软硬件和服务的安全性、完整性和可靠性。

在供应链安全领域存在一系列挑战。一是人工智能框架及其依赖的第三方库往往存在安全漏洞风险。2021 年，360 公司对国内外主流开源人工智能框架进行了安全性评测，在 7 款人工智能框架中发现漏洞 150 多个，框架供应链漏洞 200 多个。一旦攻击者针对这些漏洞发起攻击，就会带来严重的安全后果。二是人工智能技术所依赖的高性能芯片存在被国外"卡脖子"的问题。近年来，美国多次收紧对中国人工智能芯片出口管控，断供英伟达 A800、英伟达 H800 等产品，先进芯片缺货导致国产人工智能模型在训练规模和效果上难以突破瓶颈。

二、人工智能数据安全

人工智能数据安全是指通过采取必要措施，确保人工智能系统使用的数据得到有效保护，并且被合法、安全地利用，同时具备持续保障数据安全状态的能力。

针对数据安全需警惕以下潜在威胁。一是个人数据被用于人工智能训练，放大了隐私泄露风险。很多企业在使用个人数据训练人工智能模型时并未履行告知义务。2020 年 2 月，美国人脸识别公司 Clearview AI 的客户面部信息数据库被盗，据报道，Clearview AI 从互联网上抓取了超过 30 亿张照片，这些数据在采集时并未明确获得用户的同意。二是用户在使用人工智能时容易泄露敏感数据。数据安全公司 Cyberhaven 调查显示，2.3% 的员工会将公司机密数据粘贴到 ChatGPT 中，企业平均每周向 ChatGPT 泄露机密材料达数百次。三是人工智能模型被逆向攻击可导致其训练数据被泄露。2023 年谷歌 DeepMind 和多所高校的研究人员发现，黑客可以从当今主流的大语言模型中大规模提取训练数据，甚至无须事先了解训练数据集。四是攻击者可以在训练数据集中引入虚假、恶意的数据来对人工智能模型进行"投毒"，以操纵人工智能输出错误、有害的结果。2016 年，微软发布了一款聊天机器人 Tay，攻击者利用与 Tay 对话的机会，用不适当的言辞对其进行训练，导致 Tay 生成了大量的不当内容，最终被微软紧急下线。

三、人工智能算法安全

人工智能算法安全是指在整个人工智能系统的设计、开发、部署和使用过程中，确保算法的公正性、透明性、鲁棒性和抗攻击能力，同时采取必要措施保护算法免受未经授权的访问和篡改，以及确保算法的决策过程和结果合法、合规，并具备持续监控和维护算法安全状态的能力。

在算法安全领域，我们应当关注以下关键问题。一是人工智能算法的脆弱性问题显著，易受对抗性攻击影响。攻击者通过精心设计的输入，能够在难以被人察觉的情况下诱导模型出错。例如，在交通标志或车辆上添加特定图案会导致自动驾驶系统误判。二是人工智能算法日趋复杂，常表现为"黑箱"特性，其运行原理缺乏透明度。某些基于深度学习的影像诊断算法模型能够辅助医生识别病症，但由于模型内部逻辑不透明，当出现误诊时很难确切地知道是哪个环节出了问题，这给医疗事故的追责带来了挑战。三是算法可能潜藏着歧视和偏见。因为训练数据来源于现实，可能包含不公平的偏见，所以算法在学习时可能会继承这些偏见，这种歧视和偏见可能体现在价格、性别或种族等方面。

四、人工智能应用安全

人工智能应用安全是指确保人工智能应用在实际操作中的安全性和可靠性，防止其被滥用或误用，保障应用的输出和行为符合预期，并确保应用的透明性和可解释性。

应用安全领域潜藏了诸多风险。一是人工智能技术的不正当使用会带来安全问题。通过深度伪造技术，黑客可以创建虚假的视频或音频内容，如编造谣言、虚假新闻等；暗网涌现出 WormGPT、PoisonGPT、EvilGPT 等一批恶意人工智能大模型，这些模型基于有害语料库训练而成，专门用于网络犯罪、诈骗等非法行为。二是系统的复杂性和不确定性可能导致难以预测的行为。由于人工智能系统涉及众多参数和高度复杂的算法，其决策过程和行为模式可能变得异常难以预测。这种不可预测性不仅增加了系统故障的可能性，还使在出现问题时难以及时找到有效的解决方案，从而加剧了系统失控的潜在风险。三是人工智能不适应多变的环境可能出现失控风险。尽管人工智能系统可以在特定环境下进行大量训练，但当它们面对未曾遇到的场景或极端情况时，可能会因为无法做出适当的反应而失控。例如，自动驾驶汽车在行驶过程中遇到未曾训练过的路况或突发情况，系统可能无法准确识别并做出正确反应，从而造成交通事故。

五、人工智能伦理安全

人工智能伦理安全是指在人工智能系统的整个生命周期中，确保其设计和行为遵循以人为本的原则，尊重并保护个人权利，提升社会价值和增进公共利益，同时避免产生不公平、歧视或责任不清等问题。

在伦理安全方面，人工智能技术的快速发展带来了一些独特的挑战和风险。一是人工智能产品和应用会对现有社会伦理道德体系造成冲击，如利用人工智能技术尝试"复活"已去世的人，这可能引发关于生命尊严、个人身份和隐私权的道德争议，以及对人类记忆和情感的潜在操纵。二是人工智能的自主性风险。随着人工智能系统的自主性提高，它们在没有人类干预的情况下做出的决策可能与人类的价值观和预期发生冲突，特别是在涉及复杂伦理判断的情况下。三是人工智能应用的推进将使部分现有就业岗位减少甚至消失，导致结构性失业。

第二节　全球经验及做法

一、欧盟在人工智能立法方面走在世界前列，率先推出《人工智能法案》

2020 年 10 月 1 日，欧洲理事会首次讨论了人工智能问题，并邀请欧盟委员会提出增加人工智能研究、创新和部署公共和私人投资的方法，确保欧洲各研究中心之间更好地协调，以及为高风险人工智能系统提供明确、客观的定义。2021 年 4 月 21 日，欧盟委员会提出了《人工智能法案》的草案，旨在统一人工智能的规则，并提出了一套联合行动计划，以提高对人工智能的信任并促进人工智能技术的发展和更新。2022 年 12 月 6 日，欧洲理事会就《人工智能法案》达成共识，形成了自己的立场。这一立场的确立，旨在确保所有在欧盟市场上销售和在欧盟内使用的人工智能系统都是安全的，并且尊重基本权利和欧盟价值观。欧洲理事会的这一立场为与欧洲议会的进一步谈判奠定了基础。在欧洲议会也明确表达自己的立场之后，欧洲理事会、欧洲议会以及欧盟委员会于 2023 年 12 月 9 日就《人工智能法案》达成了临时协议。《人工智能法案》的最终文本需要由欧洲理事会和欧洲议会正式采纳，预计将从 2026 年开始适用。

二、美国出台一系列政策，以确保人工智能技术创新与安全管理并重

美国国家标准与技术研究院（以下简称 NIST）于 2023 年 1 月发布了《人工智能风险管理框架》（*Artificial Intelligence Risk Management Framework*），旨在提供自愿性、权利保护、非特定领域和通用的指导，以增强人工智能系统的信任度，并促进人工智能系统的负责任发展和使用。它强调了负责任的人工智能实践的重要性，这些实践可以确保人工智能系统的设计、开发和使用与既定目标和价值观保持一致。同时，NIST 出版了与之配套的《人工智能风险管理框架行动手册》、讲解视频等，协助理解和使用这个管理框架。该框架是一份非强制性的指导性文件。

2023 年 4 月，美国国家电信和信息管理局发布了《人工智能问责政策（征

求意见稿）》（*AI Accountability Policy Request for Comment*），该政策文件将"算法公平"作为人工智能设计部署的核心原则之一，并强调了在人工智能系统开发和部署过程中需考虑的伦理和道德问题。

2023 年 10 月 30 日，时任美国总统拜登签署了《关于安全、可靠和可信地开发和使用人工智能的行政命令》（*Executive Order on the Safe，Secure，and Trustworthy Development and Use of Artificial Intelligence*）。该文件强调了人工智能技术在带来巨大潜力的同时也存在风险，为此提出了一系列政策和原则，包括保障人工智能系统的安全性，促进负责任的创新和竞争，支持美国工人，推进公平和民权，保护消费者利益，确保隐私和公民自由，管理联邦政府自身使用人工智能的风险，以及在全球范围内引领社会、经济和技术进步。同时，该文件还要求制定相关指导方针和最佳实践，以提高人工智能系统的透明度和可解释性，并减少由人工智能产生的歧视和偏见。此外，该文件还强调了在刑事司法系统中负责任地使用人工智能，以及保护政府福利和计划中的民权。该文件还鼓励吸引人工智能人才，支持工人，通过国际合作来管理人工智能的全球风险并发挥其潜力。白宫人工智能委员会的建立，能够协调联邦政府机构在人工智能政策方面的活动，确保政策的有效制定和实施。

三、中国加强人工智能安全监管，重点关注生成式人工智能和深度合成技术

2023 年，中国对人工智能安全领域的监管框架进行了重要更新与加强，以促进该技术的健康发展和规范应用，同时保护国家安全和社会公共利益。

《互联网信息服务算法推荐管理规定》于 2021 年审议通过，于 2022 年 3 月 1 日正式生效。该规定特别强调了算法推荐服务提供者的责任，要求他们建立健全的算法机制审核、科技伦理审查等管理制度，并定期对算法机制进行审核与评估，以确保不传播违法和不良信息。

《互联网信息服务深度合成管理规定》自 2022 年审议通过后，于 2023 年 1 月 10 日开始施行。该规定针对深度合成技术的应用提出了明确的管理要求，包括用户真实身份信息的认证和对深度合成内容的严格管理，以及对深度合成内容打显著标识和隐式标识的要求。

此外，中国在 2023 年 5 月 23 日通过了《生成式人工智能服务管理暂行办法》，并于同年 8 月 15 日起施行。该文件对生成式人工智能服务的提供者

提出了一系列要求，包括遵守数据安全和个人信息保护的法律规定，以及对生成内容进行标识和审核。

这些法规的实施，体现了中国在人工智能安全管理方面的坚定决心，旨在通过明确的法律法规，引导人工智能技术的正向发展，同时防范和控制可能带来的风险，确保人工智能技术的应用能够在保障社会价值和公共利益的基础上，为经济和社会发展做出积极贡献。

四、国际合作成为推动人工智能安全治理的重要方式

在全球化的背景下，人工智能的安全治理逐渐成为国际社会共同关注的议题。2023 年，国际合作在推动人工智能安全治理方面取得了显著进展，展现了跨国协作在制定政策、共享资源和协同创新方面的重要性。

2023 年 5 月，在广岛举行的七国集团（G7）峰会上，G7 国家领导人共同启动了"广岛人工智能进程"。该进程旨在建立一个国际合作平台，协调制定人工智能监管规则，确保人工智能技术的负责任使用，并解决与生成式人工智能相关的全球性问题。2023 年 10 月 30 日，G7 国家领导人发布联合声明，强调与全球多国政府、广泛利益相关团体协商的重要性，并提出《广岛进程先进人工智能系统开发组织国际指导原则》（ *Hiroshima Process International Guiding Principles for Organizations Developing Advanced AI System* ）和《广岛进程先进人工智能系统开发组织国际行为准则》（ *Hiroshima Process International Code of Conduct for Organizations Developing Advanced AI Systems* ），确立了全生命周期监管、透明度与问责、信息共享等 11 项指导原则，为全球人工智能治理提供参考。

2023 年 11 月 1 日，中国、美国和欧盟等 28 个国家和地区在英国伦敦布莱切利园举行的首届"全球人工智能安全峰会"上签署了《布莱切利宣言》。该宣言关注人工智能技术可能对人类生存构成的威胁，以及对有害或偏见信息的增强。该宣言的签署体现了国际社会对人工智能风险的共同关注，并强调以负责任的方式设计、开发和使用人工智能的重要性。它呼吁加强国际合作，帮助发展中国家提升人工智能能力，同时尊重他国主权和法律，坚持公平、非歧视原则。

通过这些国际合作举措，国际社会正在共同努力，确保人工智能技术的发展在保障安全、伦理和人权的同时，为全球带来福祉。这些合作不仅有助于构建开放和包容的人工智能治理框架，还能促进各国在人工智能安全治理

方面的对话与协作，共同推动构建人类命运共同体。

第三节 问题和挑战

一、技术瓶颈仍亟待突破

在人工智能安全领域，技术瓶颈的存在对保障人工智能系统的安全性构成了显著挑战。尽管人工智能技术本身取得了飞速进展，但在确保其安全性方面，我们仍然面临着一系列技术难题。例如，算法的可解释性和透明度不足，使得监管机构和用户难以理解人工智能系统的决策过程，这不仅影响了对系统的信赖性，也增加了监管难度。对抗性样本攻击的防御技术尚不成熟，人工智能系统在面对精心设计的攻击时，其脆弱性暴露无遗。隐私保护计算技术，如同态加密和安全多方计算，尽管具有潜力，但目前仍然难以满足大规模应用的需求，限制了数据的安全使用。此外，人工智能模型的鲁棒性不足，使其在处理异常输入或未见过的数据时容易出错。这些技术瓶颈的存在，限制了人工智能安全技术的发展，影响了人工智能系统的整体安全性。因此，加强这些领域的研究和开发，推动技术突破，对于提升人工智能系统的安全性至关重要。

二、安全管理制度不够完善

尽管中国已经出台了多项与人工智能相关的政策文件，但这些政策主要侧重于促进技术产业发展，对安全方面的关注尚显不足。目前，我国在人工智能安全管理方面的政策文件主要包括《互联网信息服务深度合成管理规定》《生成式人工智能服务管理暂行办法》以及《互联网信息服务算法推荐管理规定》，这些文件仅针对特定类型的服务进行管理，尚未形成全面的人工智能安全管理体系。此外，中国尚未针对人工智能进行专门立法，这在一定程度上限制了对人工智能安全风险的有效管理和应对。

三、标准建设未形成完整体系

中国在人工智能安全领域的标准建设尚未形成全面、协调一致的体系，这在一定程度上制约了人工智能安全管理的有效性和人工智能产业的健康发展。目前的标准多聚焦于单一技术或应用层面，缺乏跨领域、多层次、系统性的标准架构。这种情况导致了在实践中的规范不一致，增加了企业合规成本，也可能造成监管上的漏洞。

首先，人工智能安全标准应当覆盖从基础算法、数据处理、模型构建到产品应用的全链条，确保每个环节都能达到安全要求。其次，需要建立一套动态更新的标准体系，以适应人工智能技术的快速发展和应用场景的不断变化。此外，标准的制定应当吸纳来自政府、企业、研究机构的人士，以及消费者和公众广泛参与，确保标准的全面性、公正性和实用性。

在国际层面，中国也需要积极参与国际标准的制定，推动形成具有国际影响力的人工智能安全标准，以提升国家在全球人工智能治理中的话语权和影响力。通过构建一个开放、透明、协同的国际标准制定环境，促进全球人工智能产业的健康发展，同时保障国家利益和全球消费者权益。

第七章

5G 安全

随着第五代移动通信技术（以下简称 5G）的全球部署和推广，我们正式步入了一个高速连接与智能自动化的新时代。5G 不仅显著提高了数据传输速度、降低了延迟，也使物联网（IoT）、自动驾驶、远程医疗等前沿技术的广泛应用成为可能。这种技术的进步极大地推动了社会的数字化转型，提升了经济效率，同时增强了个人和企业的生产能力。然而，5G 的复杂性和开放性也引入了新的安全挑战。安全问题一直是网络运营和服务提供中的核心问题，而在 5G 网络中，这一问题的复杂性和挑战性都远超以往的移动通信技术。从数据保护到网络接入安全，从用户隐私到服务完整性，5G 网络安全的问题覆盖了技术和政策的多个层面。为此，需进一步重视 5G 网络安全，体系化、立体化地做好 5G 安全防护，提升 5G 安全防护水平，打造健康的网络安全生态，为中国经济发展和国家安全保驾护航。

第一节　概念内涵

一、5G

5G 作为具有高速率、低时延和大连接特点的新一代宽带移动通信技术，是实现人机物互联的网络基础。国际电信联盟（ITU）定义了 5G 的三大类应用场景，即增强移动宽带（eMBB）、超高可靠低时延通信（uRLLC）和海量机器类通信（mMTC）。作为新一代宽带移动通信技术，相较前几代通信技术，5G 具有更加明显的优势和更加强大的功能。目前，5G 应用领域如下：

工业领域。5G 在工业领域的应用涉及研发设计、生产制造、运营管理及产品服务四大工业环节。以钢铁行业为例，5G 赋能钢铁制造，实现钢铁行业智能化生产、智慧化运营及绿色发展。在智能化生产方面，5G 网络低时延特性可实现远程实时控制机械设备，在提高运维效率的同时，促进厂区无人化转型；在智慧化运营方面，"5G+超高清视频"可实现钢铁生产流程及人员生产行为的智能监管，及时判断生产环境及人员操作是否存在异常，提高生产安全性。在绿色发展方面，应用 5G 大连接特性采集钢铁各生产环节的能源消耗和污染物排放数据，可协助钢铁企业找出问题严重的环节并进行工艺优化和设备升级，降低能耗成本和环保成本，实现清洁低碳的绿色化生产。

车联网与自动驾驶领域。5G 车联网助力汽车、交通应用服务的智能化升级。5G 网络的大带宽、低时延等特性，支持车载 VR（虚拟现实）视频通话、实景导航等实时业务。借助车联网 C-V2X（包含直连通信和 5G 网络通信）的低时延、高可靠和广播传输特性，车辆可实时对外广播自身定位、运行状态等基本安全消息，交通灯或电子标志标识等可广播交通管理与指示信息，支持路口碰撞预警、红绿灯诱导通行等应用，显著提升车辆行驶安全和出行效率，后续还将支持更高等级、复杂场景的自动驾驶服务，如远程遥控驾驶、车辆编队行驶等。

能源领域。以电力领域为例，能源电力生产包括发电、输电、变电、配电、用电五个环节，目前 5G 在电力领域的应用主要面向输电、变电、配电、用电四个环节开展，应用场景主要涵盖数据采集监控类业务及实时控制类业务。基于 5G 大带宽特性的移动巡检业务较为成熟，可实现应用复制推广，通过应用无人机巡检、机器人巡检等新型运维业务，促进监控、作业、安防向智能化、可视化、高清化升级，大幅提升输电线路与变电站的巡检效率；配网差动保护、配电自动化等控制类业务现处于探索验证阶段，未来随着网络安全架构、终端模组等技术的逐渐成熟，控制类业务将会进入高速发展期，提升配电环节故障定位精准度和处理效率。

医疗领域。5G 通过赋能现有的智慧医疗服务体系，提升远程医疗、应急救护等服务能力和管理效率，并催生 5G+远程超声检查、重症监护等新型应用场景，可提供远程超高清视频多学科会诊、远程阅片、床旁远程会诊、远程查房等应用。

智慧城市领域。5G 助力智慧城市在安防监控、安全巡检、应急救援等方面提升管理与服务水平。在城市安防监控方面，结合大数据及人工智能技术，"5G+超高清视频监控"可实现对人脸、行为、特殊物品、车辆等精确识别，形成对潜在危险的预判能力和紧急事件的快速响应能力；在城市安全巡检方面，5G 结合无人机、无人车、机器人等安防巡检终端，可实现城市立体化智能巡检，提高城市日常巡查的效率；在城市应急救援方面，5G 通信保障车与卫星回传技术可实现救援区域海陆空一体化的 5G 网络覆盖。

二、5G 安全

5G 安全既包括由终端和网络组成的 5G 网络本身的通信安全，也包括 5G 网络承载的上层应用安全。5G 引入了新的业务和技术特征，具备促进社会变革的能力。这些新特征既带来了新的安全特性，也面临着新的安全挑战。新安全特性包含标准和网络架构两个层面：一是在标准层面，非独立组网的 5G 网络和 4G 网络具有相同的安全机制，而独立组网的 5G 网络支持更多的内生安全特性。二是在网络架构层面，5G 采用了云网融合、网络切片和统一的安全架构，分别为网络和业务提供内生安全体系、端到端安全和差异化安全策略等新的安全特征。在新安全挑战方面，5G 新应用场景、新网络架构、新空口技术和用户隐私安全等方面引发了新的安全需求，对 5G 安全架构设计提出了全新的挑战。

随着数字技术快速发展，以 5G 为代表的新一轮科技和产业变革正在快速兴起，成为世界各国经济发展的重要技术支撑和全球产业竞争的战略高地。5G 广泛应用于各个领域，规模快速扩大，其衍生的元宇宙等市场应用及电子对抗等军事应用快速发展，5G 安全问题也成为各方研究重点。

民生方面，5G 网络已深入人们生活，成为生活必需品，无论是互联网消费、营销，还是智能医疗、教育等各行各业，均离不开 5G 网络支持，5G 网络服务和场景的多样性以及网络的开放性增加了用户和设备（UE）隐私信息被泄露的风险，5G 安全防护可以给互联网用户更优良的科技体验，保障个人隐私安全、数据传输安全等。

社会方面，5G 应用的多样性，协同各个领域促进经济社会的快速发展。例如，工业领域，以 5G 为代表的新一代信息通信技术与工业经济深度融合，为工业乃至产业数字化、网络化、智能化发展提供了新的实现途径；医疗领域，5G 通过赋能现有智慧医疗服务体系，提升远程医疗、应急救护等服务能力和管理效率，并催生 5G+远程超声检查、重症监护等新型应用场景。与此同时，5G 网络引入的网络功能虚拟化、网络切片、边缘计算、网络能力开放等关键技术，在一定程度上带来了新的安全风险，5G 网络作为新基建的核心基础设施，其安全问题将给智能物联网等新基建发展带来严重威胁，因此 5G 应用领域的防护十分重要。

国家安全方面，随着中国 5G 的快速发展，西方国家联合抵制我国 5G 发展，如 5G 发展需要更多的频谱资源，美国星链计划已占用大量频谱空间，同时该计划将不断扩大范围，如果成功将抢占所有低轨道频谱和轨道资源，将严重影响中国 5G 发展。

第二节　全球经验及做法

一、以国家安全为指引，推动 5G 安全战略布局

美国方面，2020 年发布《5G 国家安全战略》，该战略文件主要阐述了美国及其盟友保障自身 5G 系统安全的四大措施，建立起了美国信息通信领域的新一代安全架构。2021 年，美国网络安全与关键基础设施安全局和美国国家安全局联合发布了《5G 云基础设施安全指南》，鼓励 5G 核心网络设备供应商、云服务提供商、系统集成商和移动网络运营商等构建和配置 5G 云基础设施的服务提供商审查该指南并提出建议。2022 年 5 月，美国国土安全部网络安全与基础设施安全局、美国国土安全部科技司、美国国防部研究与工程司共同制定了《5G 安全评估流程指南》，指出政府应采用灵活、自适应且可重复的方法对任何 5G 网络部署的安全性和弹性做出评估。此外，具体评估可能需要在现行联邦网络安全政策、法规和最佳实践之外更进一步，以解决已知攻击向量、尚未发现的威胁和特定实施中存在的漏洞。2023 年，美国白宫发布近五年来的首份《国家网络安全战略》，提出为信息、通信运营技术产品和服务提供安全的全球供应链，致力于将供应链转移给伙伴国家和值得信赖的供应商。美国长期以国家安全为由，将华为等中国企业列入"管制清单"，并禁止这些企业参与无线设备认证项目，以限制其美国市场业务。

欧盟方面，作为全球重点关注 5G 发展的地区之一，其高度重视 5G 发展，并超前探索 6G 发展，着力构建各成员国统一的安全保证框架和相关法规、标准。早在 2015 年，欧盟就着手准备 5G 发展格局，发布 5G 合作愿景，力求确保欧洲在下一代移动技术全球标准中的话语权。近年来，欧盟不断出台政策、法规，如发布《网络与信息安全指令》和《欧洲电子通信守则》，要求成员国针对 5G 网络和相关基础技术的安全保障尽快制定国家战略。

2019 年，欧盟通过《5G 网络安全建议》，提出了全面的 5G 安全工作建议、欧盟和国家层面的行动计划。2020 年，由欧盟成员国代表组成的 NIS 合作小组采取行动，采用了包括 5G 工具箱在内的系列措施，以确保 5G 网络作为关键基础设施功能的安全性和完整性。2023 年，欧盟委员会发布《2023 年欧盟数字化十年状况》报告，规划在人口稠密地区实现 5G 网络覆盖，并在此基础上发展 6G 网络，以此提升欧洲数字主权和竞争力。欧盟网络安全局发布《5G 网络安全标准》，重点从技术及组织角度介绍 5G 网络安全标准，并说明标准化在 5G 生态系统中缓解技术风险的价值。

其他国家，2022 年，新加坡网络安全局发布第一版《CII 所有者增强 5G 应用网络安全指南》，旨在帮助关键信息基础设施所有者识别连接 5G 服务系统后带来的威胁，并提供了降低此类威胁风险的建议；2023 年，韩国进一步强化政府引导作用，发布《韩国网络 2030 战略》，提出成为"下一代网络模范国家"的愿景，要在 2026 年向全球展示 6G 和 Pre-6G 网络，并提出计划到 2026 年展示 Pre-6G，获得 30%的 6G 国际标准专利，以实现在 6G 领域具备强有力的竞争实力。日本总务省在情报通信研究机构设立信息通信研究开发基金，用于实施创新信息通信技术［后 5G（6G）］基金项目，涉及全光网络相关技术、非地面网络相关技术、安全集成/虚拟化网络技术三大类共 10 个 6G 项目。

二、以技术创新为导向，加速安全产品生产

美国方面，2023 年美国海军部通过战略和频谱任务高级韧性可信系统（S2MARTS）采购工具授予 B5G 战术边缘合同，该合同属于"创新超越 5G"（IB5G）计划实施的一部分，计划旨在支持用于美国国防部未来 5G 网络运营的新型网络概念和组件的开发。同时，美国与芬兰签署 6G 合作声明，与英国联合发布《二十一世纪美英经济伙伴关系大西洋宣言》并深化 6G 合作研究，与印度达成系列合作共研 6G。

欧盟方面，欧盟 5G 网络安全工具箱由成员国当局（NIS 合作小组）在欧盟委员会和欧盟网络安全局的支持下于 2020 年发布，旨在解决 5G 网络的相关安全风险。2023 年，欧盟成员国在欧盟委员会和欧盟网络安全局的支持下，发布了欧盟 5G 网络安全工具箱实施情况的第二份进展报告。该报告显示，关于战略措施，特别是对高风险供应商的限制，24 个成员国已经或正在准备立法措施，赋予国家当局对供应商进行评估和发布限制的权力。其中，

10 个成员国已经实施了这种限制，3 个成员国正在努力实施相关的国家立法。

三、中国 5G 安全顶层设计逐步完善，技术标准和产品研制稳步前进

为了有效防范和应对 5G 网络安全风险，全力推动 5G 高质量发展，中国坚持安全与发展同步推进。2021 年，工业和信息化部、中央网络安全和信息化委员会办公室、国家发展和改革委员会、教育部等十部门联合发布《5G 应用"扬帆"行动计划（2021—2023 年)》（以下简称《行动计划》），提出到 2023 年，中国 5G 应用发展水平显著提升，综合实力持续增强。作为突破 5G 应用关键环节，《行动计划》要求开展 5G 应用安全提升行动，具体包括：加强 5G 应用安全风险评估，开展 5G 应用安全示范推广，提升 5G 应用安全评测认证能力，强化 5G 应用安全供给支撑服务；构建 5G 应用全生命周期安全管理机制；做好 5G 应用及关键信息基础设施监督检查，提升 5G 应用安全水平。2022 年，工业和信息化部印发《5G 全连接工厂建设指南》的通知，提出综合考虑 5G 演进和建设使用成本，推进企业灵活部署 5G 网络等基础设施，同步推进安全保障能力建设。2023 年，工业和信息化部办公厅发布《关于推进 5G 轻量化（RedCap）技术演进和应用创新发展的通知（征求意见稿）》，提出到 2025 年，5G RedCap 产业综合能力显著提升，新产品、新模式不断涌现，融合应用规模上量，安全能力同步增强。

随着中国 5G 的快速发展，为规范其安全发展，安全产品不断创新。2021 年 2 月，国家市场监督管理总局、国家标准化管理委员会发布《网络关键设备安全通用要求》，为 5G 网络设备的安全性提供了技术保障和依据。2022 年，国家标准化管理委员会发布了 GB/T 42012—2022《信息安全技术即时通信服务数据安全要求》，规定了即时通信服务收集、存储、传输、使用、加工、提供、公开、删除、出境等数据处理活动的安全要求，为 5G 网络通信数据安全防护提供了技术支撑。2023 年，中国电信已经在 5G 内生安全组件、基于 C-IWF 的公专网安全隔离、基于 5G 定制网安全网关的统一安全管控、5G 定制网安全赋能等领域进行实践，并取得成效。中国联通统筹高质量发展和高水平安全，加快建设智能化综合性数字信息基础设施，全面提升本质安全能力，筑牢国家网络安全屏障；联合科研院所持续构建国家级创新载体，设立网络安全知识产权运营中心，建成安全攻防实验室（5G 安全靶场）、5G 物联网国密统一身份认证系统等一系列国家重点安全实验室和安全

平台。中国移动一体化推进 5G-Advanced（5G-A）和 6G，引领 5G-A 标准，牵头制定 60 个 5G-A 国际标准，提交超过 1000 篇标准提案；率先组织 5G-A 新技术试验，加速推动 5G-A 产业成熟；成立未来研究院，加大 6G 应用基础研究投入，贯通从理论、技术、标准到产品和应用的创新全链条，推动打造全球统一的 6G 标准及产业生态。

第三节　问题和挑战

一、5G+人工智能深度融合面临诸多挑战

《工业和信息化部关于推动 5G 加快发展的通知》（以下简称《通知》）重点推进 5G 网络部署、应用创新、技术研发和网络安全。5G 推动了新一代信息技术的发展，随着人工智能加速融合 5G 应用，又将面对新的安全挑战，尤其是人工智能自动生成技术的出现让人工智能原本具有的隐私安全、算法偏见等问题更加凸显，同时随着以 GPT-3 为代表的人工智能服务的大量应用，将成为越来越有吸引力的攻击目标，黑客可以对模型进行逆向工程或使用"对抗性"数据对模型进行篡改。5G 和 AI 作为近年来全球信息领域高速发展的典型代表性技术和核心成果，未来"5G+人工智能网络"将成为新型信息基础设施，同时将面临着大规模机器对机器通信的挑战。在泛在连接场景下，海量多样化终端更容易受到攻击和利用，一旦出现针对海量 5G 设备的攻击，通过人工方式难以在初始阶段快速发现和消减 5G 安全风险。

二、5G 核心部件供应链持续受阻

随着中国 5G 的快速发展，美西方国家对中国技术打压和制裁不断加码。2022 年，美国出台了一系列管制措施，禁止美国芯片公司向中国售卖芯片，限制美国的半导体厂商向任何中国公司出售半导体设备，将中国公司、研究机构等列入"未经核实名单"，限制中国的科研技术发展，明确禁止美国为中国输送人才。2022 年 8 月，《芯片和科学法案》签署成法，法案中提到禁止获得联邦资金的公司在中国大幅增产先进制程芯片，此法案阻碍中国芯片发展的意图明显。2023 年，美国政府再收紧对华为公司芯片供货许可，美国商务部于 2023 年 9 月发布了《芯片和科学法案》"国家安全护栏"的最终规则。通过设立护栏规则，美国将芯片制裁政策嵌入法律规范体系，限制美国

芯片企业投资与合作的自主权，旨在断绝受补贴企业与受关注国家合作的可能性。

三、5G 部署广泛性增加了新安全威胁和风险

5G 建设具有广泛性，大量部署的 5G 网络组件增加了出现网络漏洞的风险。随着 5G 网络应用的爆发式增长，面临的诸多网络安全风险挑战也接踵而至。一是 5G 网络的服务化架构使网络功能以通用接口对外呈现，可以实现灵活的网络部署和管理，伴随接口开放，在身份认证、访问控制、通信加密等方面都面临潜在的风险，相关安全方案设计的缺陷会导致泛洪攻击、资源滥用等风险。二是 5G 网络构成角色多层性，更多的软硬件资源提供商将参与 5G 网络建设，这将需要更多的开放式接口，当网络接口越多时，网络脆弱点也越多，被攻击和利用的可能性也越大。三是 5G 网络服务和场景的多样性以及网络的开放性增加了数据泄露的风险，物联网的普及，使得 5G 网络接入更多设备，导致用户和设备隐私数据被泄露的风险加大。

第八章

云计算安全

云计算最早由 IBM 公司提出，因具有按需服务、按需付费、弹性服务、高效的资源利用率、低成本等特性而得到快速发展，成为一种新的网络资源服务模式，受到各界广泛关注。在云计算环境下，用户只需通过互联网，把任务、数据等提交到云端，在云端即完成具体工作，无须购买大量软硬件设备。云服务商通过网络为用户提供所需的计算、存储资源，用户按需租用，这样大大降低了用户的运维成本。随着云计算的快速发展，虚拟层穿透、传统攻击风险扩大、攻击频率急剧增加、云资源滥用等云计算安全问题逐渐显现。全球主要国家和地区高度重视云计算安全的发展，积极布局云计算产业，持续推动云计算安全技术的创新和应用。企业及相关研究人员从不同角度对云计算安全进行深入研究，政府和相关部门加快制定云计算安全政策，云计算服务商也在积极开发推广云计算安全产品，以推动云计算的快速、安全发展。

第一节 概念内涵

一、云计算

云计算是一种基于互联网的分布式计算技术，由并行计算、分布式计算、网格计算、网络存储、虚拟化等技术融合发展而来，通过网络"云"将庞大的数据计算处理程序分拆成无数子程序，然后将任务分发至多台服务器所组成的庞大系统，计算分析得到处理结果后回传给用户。云计算利用网络分布式计算处理能力，将计算扩展到更多的计算资源，使用户可以在不了解提供服务的技术、没有相关知识以及设备操作能力的情况下，快速获得高质量的计算服务，是一种新兴的商业计算模型。

2006 年 8 月，谷歌首席执行官埃里克·施密特（Eric Schmidt）在搜索引擎大会（SES San Jose 2006）上首次正式提出了云计算概念。2009 年 4 月，美国国家标准与技术研究所对云计算的定义是："云计算是一种模型，能支持用户便捷地按需通过网络访问一个可配置的共享计算资源池（包括网络、服务器、存储、应用程序、服务），共享池中的资源能够以最少的用户管理投入或最少的服务提供商接入实现快速供给和回收。"云计算将所有资源（包括网络、服务器、操作系统、存储、服务等）都统一整合到云平台上，用户不需要购买软硬件系统，也无须运营和维护网卡，甚至不需要或者很少需要与云服务提供商进行交互，就可根据自己的实际需要获取云计算整体解决方案，方便、快捷地按需访问网络。

云计算依托互联网将各类资源作为服务提供给用户，主要包括基础设施即服务（IaaS）、平台即服务（PaaS）和应用即服务（SaaS）三种服务模式。IaaS 将硬件设备资源封装成标准化服务，为用户提供基本存储和计算能力，PaaS 将开发运行环境封装为应用程序服务提供给用户，SaaS 多是将某些特定的应用软件功能封装成服务。采用云计算可以快速响应不断变化的需求，有利于资源优化利用和网络空间安全的集中管控。

云计算通过高速网络将大量独立的计算单元相连，可随时随地按需为用户提供高性能计算资源或服务。从商业模式来看，云计算是一种资源交付和使用模式，具有以下特点：一是按需服务，云计算服务提供商根据用户需求，为用户提供网络、存储、应用等资源，且能够自动分配，无须与系统管理员交互。二是弹性服务，服务的资源可以根据负载的变化而动态变化，在满足用户需求的同时避免了资源浪费，且服务质量在一定程度上得到保证。三是资源统一管理，资源放在资源池中统一管理，通过虚拟化技术，用户按需使用。四是按使用量付费，用户根据自己实际使用的资源量进行付费。五是支持多种终端设备，用户可随时随地通过各种终端设备接入云平台。

二、云计算核心技术

云计算应用范围广泛，应用方式多以软件服务与虚拟化技术相结合。在实际云计算部署模式中，涉及以下关键技术。

（一）虚拟化技术

虚拟化是云计算的重要技术，也是一种在软件中仿真计算机硬件、以虚拟资源为用户提供服务的计算形式，主要用于服务器、网络和存储等物理资源的池化，从而实现计算资源的共享和分配。在不具备逻辑分区功能的系统中，借助 VMware 等虚拟化平台，能够模拟出多个虚拟机，用户可在这些虚拟机上部署操作系统和应用软件，并根据需求分配中央处理器（CPU）、内存、存储和网络资源。随着多核处理器技术的发展，现代计算机硬件原生支持虚拟化，使软件开发商能够开发出直接在裸机上运行的虚拟化层解决方案，如微软的 Hyper-V、思杰的 XenServer、EMC 的 ESXi 以及红帽的 RHEV-H等。这些软件在虚拟化层上创建和管理虚拟机，进一步提升了资源的利用效率和系统的可扩展性。

（二）分布式存储技术

分布式存储技术可将数据划分成块并存储在不同节点上，每个存储节点通过特定算法管理自己的数据块，并与其他节点进行通信和协同工作。当需要访问数据时，系统会根据数据的位置和复制策略将数据块从存储节点中检索出来。当某个节点发生故障时，系统可以自动从其他节点恢复数据，以保障服务的连续性和稳定性。此外，分布式存储技术还支持数据的快速扩展和收缩，以适应不断变化的业务需求。用户可以根据实际需要，动态地增加或减少存储资源，而无须担心存储容量的限制。这种灵活性和可扩展性，使得分布式存储技术成为云计算环境中理想的数据存储解决方案。

（三）数据处理技术

数据处理技术是指在云环境中对数据进行高效管理和智能分析的方法集合，包括数据集成、清洗、转换、加载及高级分析，强调数据的实时处理能力、分析深度和操作的自动化。数据处理技术支持从各种数据源摄取数据，通过数据提取、转换、加载工具进行数据准备，然后应用机器学习和数据挖掘技术来揭示数据中的模式和趋势。例如，云服务提供商 Amazon Web Services（AWS）提供的 Amazon Redshift 是一个完全托管的数据仓库服务，它使企业能够快速处理和分析 PB 级别的数据。此外，Google Cloud Platform 的 BigQuery 服务允许用户对超大规模数据集执行 SQL 查询，而无须管理底层基础设施。

（四）云安全技术

云计算涉及的云安全技术是指一系列旨在保障云平台数据、应用和服务安全性的策略和措施，包括网络安全控制，如防火墙和入侵防御系统，以阻止未授权访问和网络攻击；数据加密技术，用于在传输和静态存储时保护数据的机密性和完整性；身份认证和访问管理，确保只有被授权用户才能访问敏感资源；安全监控和审计系统，用于实时监控云环境，及时发现和响应安全事件。

三、云计算面临的主要网络安全风险

云计算服务的广泛应用为数据存储、处理和应用提供了极大的便利，但作为一种高度依赖网络的计算模式，它不可避免地面临网络攻击风险、数据泄露风险、虚拟化安全风险等网络安全风险。

（一）网络攻击风险

与传统 IT 基础设施相比，云计算环境的开放性和动态性使网络配置如域名解析和路由更为复杂，增加了潜在的安全漏洞。此外，云计算数据中心的庞大规模和存储的海量数据，使之成为网络攻击者的主要目标。其中，分布式拒绝服务（DDoS）攻击是云计算平台面临的主要威胁之一。攻击者可以针对这些平台发起大规模的 DDoS 攻击，导致服务中断，影响广泛。这些攻击不仅来自外部，内部威胁也同样严重，用户种类和数量的增加进一步加剧了攻击的频率和复杂性。

（二）数据泄露风险

云计算以传统服务器设施为底座，需要接入现有的分布式互联网，每个用户将作为网络中的一个节点，在网络中对云计算服务商发送指令和接收响应。为兼顾超大规模、按需服务、灵活动态等功能，云计算结构十分复杂，传统和新型数据安全问题并存。使用云计算服务时，用户将自己的数据全部放在云端，云端因此聚集海量且种类繁多的数据，若数据防护措施不完备，面临的数据泄露风险将大大增加。应用程序安全漏洞、数据隔离策略和合理的访问控制措施不当、人为错误、安全措施漏洞都可能使未经授权的数据有被访问、修改、泄露等风险，使云计算安全受到威胁。且单个用户的应用存在问题就有可能导致其他用户的数据信息泄露。一旦大规模个人身份信息、商业机密、财务信息等信息泄露，将会给企业或个人带来不可估量的损失。

（三）虚拟化安全风险

云计算服务资源是以虚拟、租用的模式提供给用户的，虚拟化平台是云计算的核心基础设施，可实现在同一台物理机上运行多台虚拟机，而虚拟化平台如果出现安全风险将影响到整个云平台运行。如果云服务平台中的虚拟机监控软件存在安全漏洞，那么用户的数据就可能被其他用户访问。此外，随着虚拟化技术的不断成熟，创建虚拟机的难度越来越小，创建虚拟机的数量越来越多，长此以往会造成虚拟机繁殖和无限蔓延。同时，因管理不当追溯困难，清理虚拟机及资源的回收工作越来越困难。虚拟机会长期占用着计算资源，虚拟机镜像文件占据着硬盘上的空间，造成云计算资源的浪费。

第二节 全球经验及做法

当今世界正经历百年未有之大变局，以云计算、人工智能、大数据等创新技术为核心的新一轮科技革命和产业变革是大变局的关键变量，正在重塑各国经济竞争力消长和全球竞争格局。全球云计算产业近年来发展迅猛，以ChatGPT为代表的生成式人工智能大模型训练热潮引爆智能算力需求，催生模型即服务（MaaS）的全新商业模式，推动云计算服务模式向算力服务模式演进，预示着云计算产业发展新周期的开启。面对变革，全球主要国家和地区高度重视云计算安全的发展，积极布局云计算产业，持续推动云计算安全技术的创新和应用。

一、美国布局技术叠加研发，确保全球领先地位

美国是云计算概念和技术的先行者，在技术和产品成熟度上具有显著优势，并长期在全球云计算领域占据领导地位。在顶层设计方面，自 2010 年起，美国政府通过"云优先"政策和《联邦云计算战略》计划等一系列措施，加强全社会对信息化关键技术支持，逐步形成了政府、产业界、学术界和社会力量相互合作的协同创新体系，引领了云计算在公共部门的安全应用，还通过立法手段确保了数据安全与隐私保护。美国国防部对多云、混合云、云

智能、多元宇宙等领域的技术叠加研发工作也取得重大进展，正在探索使用数据虚拟化等技术实现可信数据访问和共享的逻辑结构，增强云计算的安全性和可靠性。在企业方面，云计算公司如亚马逊 AWS、微软 Azure 等不断在云存储、计算能力、大数据处理、容器化技术等关键技术上进行创新和突破，放大云技术效应，为云计算安全提供坚实的技术保障。

二、欧盟增强数字主权，增强自身云计算安全能力

欧盟高度重视数据安全和隐私保护，其强调发展数字主权，推动区域内技术的自主和竞争力，在建设主权云、实施可信化监管等方面进行了重点部署。为实现欧盟云主权和数字主权，其主要倡议和举措包括：一是法国和德国政府于 2018 年联合发起云生态系统计划 Gaia-X，旨在通过联合基础设施建立一个能够支持欧盟云服务提供商的生态系统，提高欧盟公司的商业规模和竞争力，以减少欧洲对美国云计算巨头的依赖。二是欧盟在成员国和主要利益相关者之间制定了一系列联合倡议，寻求制定欧盟云规则手册，建立欧盟云服务市场，并实现在跨境云基础设施方面的联合投资等。2020 年，欧盟委员会宣布到 2030 年欧洲数字化转型的愿景，并将其命名为"数字十年"，按照"数字十年"提案，到 2030 年，至少 75% 的欧盟公司将采用人工智能、云和大数据技术。2023 年 12 月，根据欧盟国家援助规则，欧盟委员会批准了一项名为"下一代云基础设施和服务"的欧洲共同利益重要项目，该项目将允许开发可互操作和可访问的欧洲数据处理技术，实现跨多个提供商的云边缘连续体，进一步推动欧洲云计算的自主和安全。

三、日本发布多个战略计划，推动云计算各领域安全应用

日本拥有强大的云计算基础设施和多样化的云计算服务提供商，并积极推动云计算应用发展。政府层面，2010 年 5 月，日本总务省发布了《智能云研究会报告书》，提出"智能云战略"，希望借助云平台建立一个高度智能化的社会，随后相继发布日本创新计划和云计算特区计划。2017 年，日本实施了《个人信息保护法》，该法律对个人信息的处理、保护及数据泄露报告等方面提出了具体要求，以加强个人数据的保护并提高云计算服务的安全性。2021 年 9 月，日本政府成立数字厅，计划于 2025 年之前构建所有中央机关和地方自治团体能共享行政数据的安全云服务，2026 年 3 月前实现全国各市町村的基础设施与云服务安全互联互通。2022 年 12 月，日本政府将云应用

程序确定为经济安全的 11 个关键领域之一，日本工业部门预留了 200 亿日元用于与云有关的研究和推进活动。企业层面，日本三大电信运营商 NTT、KDDI 和软银，以及富士通、NEC、日立等大型企业，都积极参与云计算安全领域的研发与应用，在交通、医疗、影视、电力等多个领域形成典型应用案例。

第三节　问题和挑战

一、云计算安全政策标准有待完善

中国云计算技术迅速发展，但与欧美发达国家相比，中国在云计算安全标准的制定和实施方面进展相对缓慢，在数据跨境、知识产权保护、数据安全等方面的标准尚不完善。一是云计算安全标准的缺失导致许多用户对云计算服务的安全性存有疑虑，难以完全信任云服务提供商的数据保护能力。二是国家信息安全也因此面临较大风险，使得在应对数据泄露、网络攻击等安全威胁时，缺乏有效的预防和应对机制。三是国内外云计算安全标准的不统一抑制了云计算安全技术的发展，影响了云计算服务的全球化互操作性，也给企业在跨国运营中的数据安全管理带来了复杂性。

二、企业云计算安全主体责任落实不到位

在企业上云的过程中，很少有企业会系统性地对云服务提供商进行风险评估。大量的云计算安全事件显示，用户"口令"失窃占据了很大比例，反映出企业对于云计算安全教育及管理还十分匮乏，员工安全意识还有待提升。研究表明，在一些开源的网站上，在企业源代码中存在用户"口令"信息，引发严重安全隐患。企业需要加强对云计算安全教育宣传，以减少人为因素导致的云计算安全隐患。云安全责任因部署模式也有所不同，上云企业还缺乏这方面认识。如果使用 IaaS，在物理和虚拟层的责任由"云提供商"承担。如果使用 PaaS，责任更多分摊给了"云提供商"，如虚拟机、服务编排。如果用到软件级服务，用户主要关注的就是"认证"和"授权管理"及数据，分摊部分的应用和 API 的责任。

此外，传统环境下预先规划好安全设备对特定业务系统的防护模式不适用于云计算环境。云计算环境下，企业需要按需自助申请安全资源，但目前没有单一云服务提供商或者安全厂商能提供企业所需的全部安全能力，很多

企业还面临着"云技术"选择和运用的一些困难。

三、云计算安全专业人才匮乏

云计算资源具有自动化、生命周期短、共享等特点,不同的企业对于"云"的安全需求不同,传统的数据中心的安全模型不适用于云。企业需要建立自己的云计算安全模型,拥有专职的云计算安全架构师及云计算安全工程师,使用特定于云计算环境的新策略和技能。目前,很多企业所拥有的网络安全人员的技能只适用于传统网络环境,缺乏管理融合基础设施的专业人员。随着人工智能技术在云计算中的广泛应用,人工智能技术降低了应用门槛,但对企业的数据平台安全提出了更高的要求,亟待补充跨学科背景的复合型人才。此外,部署在云上的安全策略、配置、设备、协议等通常由不同团队负责,这些都是对云计算安全专业人员的挑战。随着云计算技术的发展,云安全问题在不断增加和变化。云安全企业需要不断创新和改进,提供更加全面、高效的云安全解决方案。

第九章

数据安全

2023 年，中国数据安全呈现出积极稳健的发展态势。随着国家对数据安全重视程度的提升，相关法律法规逐步完善，数据安全治理成为很多企业的重要任务。零信任架构、人工智能、量子信息等技术的不断进步也为数据安全带来新的解决方案。尽管全球经济波动和复杂的国际形势带来一定的挑战，但在政策支持、技术创新和市场需求的驱动下，数据安全技术正朝着更加成熟和完善的方向快速发展。

第一节　概念内涵

一、数据与数据安全

在《中华人民共和国数据安全法》中，数据是指任何以电子或者其他方式对信息的记录；数据处理，包括数据的收集、存储、使用、加工、传输、提供、公开等；数据安全是指通过采取必要措施，确保数据处于有效保护和合法利用的状态，以及具备保障持续安全状态的能力。数据安全，从狭义上讲，主要是指确保数据本身的保密性、完整性和可用性，涉及对敏感数据的保护，防止未授权访问，确保数据在存储、处理和传输过程中不被非法篡改或损坏，并通过数据备份和灾难恢复计划来保证数据在需要时的可用性等。从广义上讲，数据安全的概念则更为广泛，不仅包括对数据本身的保护，还扩展到了数据的整个生命周期，包括数据的收集、存储、使用、加工、传输、提供、公开和销毁等各个阶段。

二、数据安全治理

数据安全治理，是指从决策层到技术层，从管理制度到工具支撑，自上而下建立的数据安全保障体系和保护生态，是贯穿整个组织架构的完整链条。具体来说，数据安全治理包含国家宏观治理和企业组织内部微观自治两个层面。在国家宏观治理层面上，数据安全治理是指国家为保护数据资源、促进数字经济健康发展、维护国家安全和社会公共利益而采取的一系列战略规划、政策制定、法规执行、技术创新和国际合作等综合性措施。它涉及对数据的收集、存储、使用、加工、传输、提供、公开和销毁等各个环节的全面管理，确保数据的安全性、完整性和可用性，同时平衡数据利用与保护的关系。国家层面的数据安全治理需要构建完善的法律法规体系，确立数据安全标准和规范，加大数据安全监管和执法力度，提升国家数据安全防护能力。此外，还需要加强公民数据安全意识教育，培养数据安全专业人才，推动数据安全技术的研发和应用，以及在国际舞台上积极参与数据安全治理的对话与合作，共同应对全球性的数据安全挑战。在企业组织内部微观自治层面上，数据安全治理主要专注于数据生命周期安全的管理和技术防护措施，旨在规范企业组织数据全生命周期处理流程，保证数据处理活动的合规性和合法性。

第二节　全球经验及做法

一、欧盟公共数据空间中的数据安全治理

数据空间是欧盟数据战略的关键政策措施，被定义为"互相信任的合作伙伴之间的数据关系的一种类型，各参与方应用统一标准和规则对其数据进行存储和共享"。欧盟初步创设了制造业、绿色协议、健康、金融、能源、农业、交通等九个数据空间，并计划投资 40 亿～60 亿欧元，支持数据共享体系架构、治理机制、高效能和可信赖的云基础设施。2022 年，在欧盟委员会发布的关于欧洲数据公共空间的工作文件中，强调了数据空间应具有的一些关键特征，数据安全和隐私保护是核心之一，包括：有安全且能够保护隐私的，用于汇集、访问、共享、处理和使用数据的基础结构；有明确和可靠的数据治理机制；尊重与个人数据保护、消费者保护法和竞争法相关的规则，数据持有者有机会访问或分享他们控制下的某些个人或非个人数据。以欧盟

健康数据空间为例，数据空间强调个人对自身数据的控制，尊重和保护个人数据访问等相关权利；强调数据处理环境的安全性，数据共享相关主体应当符合安全性要求；强调建立数据共享治理机制，从共享数据、行为等方面明确要求以确保共享活动安全。

二、美国政府在数据开放中的数据安全治理

美国是全球数据开放运动的倡导者和领先者。早在 20 世纪 60 年代，美国就发布了《信息自由法》，规定了政府向民众提供行政数据的义务，并指出"政府信息公开是原则，不公开是例外"。此后，美国联邦政府颁布了几十部政府数据开放的法案、战略和政策，推进政府数据开放，促进数据的有效利用和价值实现。美国在政府数据开放进程中，高度重视信息保护和隐私安全，对限制公开和传播的信息纳入受控非密信息进行管理，并强化隐私风险控制和数据安全保障，力求实现数据开放共享与隐私保护、数据安全的平衡。

（一）建立受控非密信息管理机制，对联邦政府产生或持有的、需要传播控制的数据进行保护

美国在政府数据开放的过程中，为保护个人隐私、国家安全和商业秘密，各行政机关根据自身实际制定出台了一系列政策，这种各自为政的混乱做法导致信息标识不一致、保护标准不统一等，阻碍了正常的信息开放共享。为此，美国建立了统一的受控非密信息管理制度。

美国定义的受控非密信息（以下简称 CUI），是指"由美国政府产生或持有的，或由代表或服务于美国政府的非政府机构接收、持有或产生的联邦非密信息，需要采取一定的信息安全措施加以防护，并控制其传播和使用"。美国 CUI 管理从 2010 年起正式以总统行政令方式推进，第 13556 号行政令指定国家档案和记录管理局（以下简称 NARA）作为 CUI 主管部门，要求其明确受控非密信息的分类标准并确定统一的标识，各行政机关梳理形成受控非密信息清单并向主管部门提交。2016 年受 NARA 委托，承担 CUI 管理工作的信息安全监督办公室发布相关政策，明确 CUI 的认定、保护、传递、标识、解除控制、处理政策，并对自我检查和监督管理提出要求。目前，美国 CUI 共分为 20 大类 125 个子类，20 大类包括关键基础设施、国防、出口管制、金融、情报等。所有 CUI 均需进行登记，登记的 CUI 设定了保护等级，

以防信息非授权窃取或疏忽泄露；设定了传播控制等级，以限制信息的传播范围，包括禁止对外传播、仅限联邦雇员、不得向承包商传播、传播清单受控制、仅向经授权的个人发布、仅显示等。

美国任何产生或持有 CUI 的政府机构或代表或服务于政府的非政府机构，都应采取保护和控制措施，保护 CUI 免受未经授权的侵害访问，管理与 CUI 的处理、存储、传输和销毁相关的风险。针对 CUI，美国国家标准与技术研究院发布了一系列标准规范，提出保护 CUI 的一般安全要求和增强安全要求等。

（二）注重政府数据开放和个人隐私保护的平衡，通过隐私影响评估、去标识化等手段强化隐私风险控制

在政府数据开放进程中，美国认为无限制地开放会妨碍合法保护的数据，进而侵犯个人隐私、危害国家安全等，因此在追求数据开放的同时，也高度注重平衡影响公民社会福祉的事项，如个人隐私和商业秘密保护、国家安全等。在美国政府数据开放相关法律政策中，要求通过美国政府开放数据网站 Data.gov 获取的所有数据必须符合当前的隐私要求，且政府机构负责确保通过 Data.gov 获取的数据集有所需的隐私影响评估或记录通告，并且很容易在其网站上获取；同时要求政府机构执行"公平信息实践原则"和美国国家标准与技术研究院相关标准要求，评估隐私信息开放的风险及影响，为隐私信息提供安全保障。美国政府数据开放一方面要遵循隐私保护的基本规则，另一方面要采取必要的管理和技术措施，保护个人隐私信息的保密性、完整性和可用性。

（三）将数据安全视为政府数据开放的重要保障，提升对政府数据资产的安全保护能力

2019 年，美国白宫行政管理和预算办公室发布《联邦数据战略与 2020 年行动计划》，确立了政府范围内数据开放共享和数据安全的框架原则。该计划强调数据开放共享与数据保护并重，指出随着政府机构之间以及整个公私伙伴关系之间数据共享的增加，数字安全漏洞和对个人隐私的担忧会随之产生，需要在数据共享带来的广泛公共利益、保护隐私和维护安全之间取得恰当的平衡。该计划围绕政务数据安全提出了三方面措施：一是提供安全的数据访问机制，评估政府机构数据能力的成熟度，维护高完整性、高质量的

政务数据资产；二是通过人员培训、工具建设等手段提升数据分析、评估等关键数据活动的能力；三是测试、审查、部署安全可靠的数据传输通道，并评估数据发布风险，降低敏感数据重新识别的风险，确保政务数据的安全开放共享。

三、美国数据经纪人的数据安全治理

美国数据经纪人模式存在一定的局限性，数据经纪人作为中介组织，其采集和使用数据的行为难以被有效监督，尤其是涉及数据交易的各方面信息对消费者并不透明，这意味着消费者无法得知是否对自身造成了损害，在造成损害之后也无法采取有效的权益保障行动。尽管美国数据经纪人模式起到了促进数据流通和数字经济发展的积极效果，但也在一定程度上给个人信息和数据安全带来安全隐患。

（一）美国监管政策不断提高数据经纪人透明度，建立相应的问责处罚机制

美国政府监管部门一直希望数据经纪人披露其数据运营情况，而数据经纪人往往以保持竞争力、保护商业秘密或知识产权为由，拒绝向外部公布其业务细节。美国的年度登记注册制度在一定程度上解决了这一问题，提高了数据经纪业务的透明度。

联邦政府层面，更多的是通过美国联邦贸易委员会等现有机构进行监管，并针对数据经纪人行业新出现的问题进行调研。自 2014 年起，美国国会针对数据经纪业务提出多项立法提案，重点均在于提升行业的透明度和安全性。

州政府层面，监管政策则更具备操作性，针对具体问题在所属范围内出台专门立法标准。佛蒙特州首次明确提出年度登记注册制度，要求本州数据经纪人在每年 1 月 31 日之前向州务卿注册；注册时，除需提交允许消费者禁止数据被商用的权利外，还需要提交经纪人的公司名称、实际地址、邮件地址、网站等基本信息，是否对购买者资格进行认证，上一年数据泄露事件的数量和受影响人数，个人信息被访问、下载或泄露的数量等信息；未按规定注册的，需缴纳民事罚款。加利福尼亚州相关立法规定，数据经纪人应每年在加利福尼亚州总检察长处注册，支付一定的注册费用，并提供指定信息，未按照规定要求注册的数据经纪人应承担民事处罚，并将费用存入消费者隐私基金。

（二）美国重视数据经纪人信息安全管理，力争提高数据经纪业务的交易安全性

联邦层面，美国国会提出立法草案，提议数据经纪人应向美国联邦贸易委员会提交有关收集和销售个人数据的安全计划，包括指定专人负责数据安全管理、定期监测并识别系统中可预见的漏洞、通过技术手段降低漏洞威胁、通过数据清洗确保个人隐私安全、采用标准程序销毁存储个人数据的介质等，并由美国联邦贸易委员会或独立的第三方负责审计数据经纪人的数据安全策略。一些立法草案对数据经纪人的数据安全计划提出了更为具体的规范，要求数据经纪人制定、实施和维护全面的数据安全流程，并根据业务规模、范围和业务类型、数据存储量等信息确定适宜的管理、技术和物理保障措施，同时规定，数据经纪人应至少指派一名专职人员维护安全流程，评估和识别内外部威胁及在必要时改进防范相关威胁的举措。

州政府层面，佛蒙特州也在信息安全管理方面提出了具体要求，要求数据经纪人具备足够的安全标准，实施信息安全计划，采取与数据经纪人的规模、范围、业务类型、可利用的资源量、储存的数据量及个人信息的安全性和保密性相适应的技术、物理和管理保护措施。

（三）美国越发注重数据经纪人对消费者的隐私保护，不断修订完善相关条款

2018 年 5 月，佛蒙特州首次针对数据经纪人行业立法，规定数据经纪人应允许消费者自主选择是否同意数据经纪人采集、储存及销售个人数据，是否同意委托第三方行使相关权力；在"知情同意"的基本原则的基础上，该法案更重要的是赋予"选择退出"（opt-out）权，即消费者对出售个人信息拥有选择退出权，并提供退出行为的相关方法、适用范围；该法案还设计了"消费者披露"章节，规定征信机构必须向消费者准确提供信用分数、过去一年内用户查询情况、信息解释以及征信机构最新联系方式等信息，使消费者能够及时通过征信机构了解被获取的信息和权利。2023 年 5 月，美国加利福尼亚州参议院对数据经纪人相关条款进行了修订，将数据经纪人注册机构更改为加利福尼亚州隐私保护局，并细化了数据经纪人注册信息等。

在州层面划定监管"红线"的基础上，美国国会从联邦法律层面保障消费者个人信息权利。一些立法草案要求数据经纪人确保个人信息的准确性，

赋予个人对自身信息的免费访问和更正权，并希望打造一个专门网站指导个人如何访问其信息、表达是否愿意将个人信息用于营销的意愿、是否允许按流程要求修改个人信息，充分体现了对个人隐私的尊重和保护。一些立法草案禁止数据经纪人使用欺诈手段或通过纠缠、骚扰等方式获取个人信息，禁止在就业、住房、信贷等方面对个人存在歧视行为，禁止将个人信息出售或转让给从事非法或禁止活动的第三方。

第三节　问题和挑战

一、数据汇聚与开放共享使遭受攻击的风险加大

近年来，在一系列利好政策的推动下，中国数据资源规模快速增长，2023年，中国数据生产总量达 32.85 泽字节，同比增长 22.44%；2023 年，全国数据存储总量为 1.73 泽字节，新增数据存储量为 0.95 泽字节。数据开放共享加快推进，自 2012 年上海推出中国首个地方政府数据开放平台以来，各地数据开放平台逐步上线，调查显示各地开放数据平台总数从 2012 年的 3 个上升至 2023 年 8 月的 226 个，各地公共数据开放平台上的开放数据数量也从 2017 年的 8398 个数据集增加到 2023 年 8 月的 345853 个数据集。数据流转过程涉及众多数据处理环节与参与者，数据不免被各方调取、使用或存储到本地。若存在数据超范围共享、访问控制机制不健全、缺乏敏感数据保护措施等问题，则极易遭受非法访问、数据窃取、数据泄露、数据篡改等，数据被敌对势力或数据牟利者作为攻击目标的风险增加。同时，黑客组织或数据黑产从业者通过社会工程、勒索病毒等手段，大肆进行数据窃取、篡改或破坏等活动，以达到情报窃取、破坏关键信息基础设施运行、敲诈勒索等目的。另外，海量开放或共享的数据，有可能被进行数据挖掘和关联分析，进而对个人隐私、企业商业秘密乃至国家安全构成威胁。

二、多方主体数据流通导致安全责任界定难度大

数据开放共享涉及数据拥有者、数据提供方、数据开放或共享平台、数据需求方等多方主体，数据交易涉及数据需求方、数据供给方、数据交易所、数据商及资产评估、质量评估、安全风险评估等机构，对这些机构的定位、功能、资格条件、行为规范等都还缺乏明确具体的要求。在数据流转环节中，各方的数据安全权利和义务边界变得模糊，数据安全责任界定难度加大。一

方面，数据来源的合法性应当得到保障，但由于权属不清、超范围使用等，数据来源可能存在瑕疵；同时，数据的开放共享范围应当充分识别并得到评估，但若数据提供方、数据开放共享平台等相关主体未建立数据分类分级制度，未能识别重要数据或敏感个人信息，或数据脱敏等技术手段存在缺陷，则可能造成开放或共享了不应开放或共享的数据，带来数据安全风险。另外，由于数据所有权与控制权分离，一旦脱离供需双方控制范围被第三方获取，引发违规使用行为或数据泄露事件，传统的"谁运管谁负责"的安全责任原则便难以适用。各方主体若并未部署数据安全监测、审计等措施，则一旦发生数据泄露等安全事件，回溯泄露源头、追踪泄露路径等将成为重大的安全挑战。多主体间数据流转风险分配规则尚未形成，也会影响市场主体参与数据流通的积极性。

三、新技术应用的安全性、可靠性有待实践检验

当前数据交易还处在探索期，各地数据交易量小，交易技术的安全性、可靠性还没有经过大量交易实践检验；区块链、联邦学习、数据沙箱、隐私计算等新理念、新技术层出不穷，但尚未形成业界共识和成熟的技术标准。以人工智能为代表的新技术应用在深度学习过程中，需要大量数据样本和算法练习，"数据污染"可能导致算法模型训练成本增加甚至失效，"数据投毒"也会破坏原有训练数据而导致模型输出错误结果，引发人工智能的决策偏差或误判。此外，作为数据流通的重要技术，隐私计算在解决市场主体数据合规难题和实现数据融合"可用不可见"的同时，也面临算法协议安全等新挑战。一方面，隐私计算产品的算法协议差异化较大，执行环境则更多依赖硬件厂商的安全技术，难以形成统一的算法安全基础；另一方面，由于不同的隐私计算平台是基于各自特定的算法原理和系统设计实现的，平台之间互联互通的壁垒成为隐私计算面临的新挑战。

第十章

物联网安全

第一节　概念内涵

一、物联网

物联网（IoT）是一个由各种信息传感设备组成的体系，通过设备与互联网结合，实现人机物的互联互通。物联网的核心在于实现物与物、物与人、人与人之间的信息交换和通信，从而形成一个智能化的网络环境。物联网的体系结构通常分为三层，即感知层、传输（网络）层和应用层。感知层主要由传感器、电子标签等组成，负责收集信息；传输层通过通信网络传输信息；应用层则是基于收集的信息提供智能化服务。物联网的应用场景非常广泛，包括智能家居、智能教育、智能交通、智慧医疗、环保监测、智能安防、智能物流、智能电网、智慧农业等多个领域。例如，在智能家居领域，用户可以通过智能手机远程控制家中的电器设备，实现家庭自动化。在智能交通领域，利用电子标签、摄像头等技术可以实时监控交通状况，提高出行效率。

二、物联网安全

随着物联网技术的快速发展，物联网安全问题日益凸显。监测数据统计，2023 年中国 IPv6 攻击量较 2022 年增长 20.34%；全年全网的分布式拒绝服务攻击次数超过 2.5 亿次，有超过 1200 起针对中国的 APT 攻击活动；在车联网领域，新增超过 1000 个车联网漏洞，其中高危漏洞超过 600 个；随着远程教育的普及，教育领域遭受的物联网恶意软件攻击量大幅增加，比例跃升，超过 900%；与 2022 年同期相比，物联网恶意软件攻击量增长了 4 倍以上。

物联网安全与传统互联网安全相比，具有规模大、资源限制多、设备多样、生命周期长以及安全场景复杂等特点。物联网安全面临的风险和威胁来自多个层面，覆盖感知层、网络层、平台层和应用层。其中，感知层的安全威胁包括物理访问风险、设备伪造和传感器数据篡改，网络层的安全威胁包括中间人攻击、未加密通信、路由和协议漏洞等，平台层的安全威胁主要涉及数据泄露、恶意软件和分布式拒绝服务攻击，应用层的安全威胁则关注身份验证问题、恶意应用和数据隐私侵犯。此外，物联网安全还涉及一系列技术、服务和流程，旨在保护物联网设备和系统的可用性、完整性、机密性和可信度。

针对物联网安全的防护措施主要聚焦在终端设备、网络传输和数据领域。设备安全防护方面：通过强化身份认证机制，有效对抗冒充、非法访问等威胁，并通过定期的安全更新来修补已知的安全漏洞。网络方面：主要包括加强物联网网络安全管理、网关密码应用检测和网络安全标准化服务，以提高技术应用水平和能力。数据方面：主要面向物联网中数据采集、存储、处理、传输等流程，对本地、云端平台数据进行全方位的保护，并满足 IoT 数据隐私的合规要求。

当前，各国高度重视物联网安全，力图从物联网设备、数据隐私保护等方面加强监督管理，通过出台系列政策标准，丰富物联网安全防护手段。随着信息技术不断创新和安全防护技术研究的不断深入，物联网安全防护能力和体系将不断提升，并取得长足发展。

三、物联网安全技术

当前，物联网安全领域迅速发展，出现了多种技术和突破性进展，围绕数据加密、身份认证、访问控制、安全审计等技术应用不断突破，在先进加密、算网一体、区块链、人工智能与机器学习、边缘计算、云计算集成、生物识别与认证等新技术加持下，物联网安全保障能力取得跃升。

（一）先进加密技术

加密技术作为物联网领域的核心技术之一，在算法、协议、密钥等方面持续提升。例如，轻量级加密技术，可为计算和存储能力受限的物联网设备提供优化的算法；同态加密技术，通过对加密数据进行计算，保护用户隐私；随着量子计算的发展，量子安全加密技术被提出以抵御未来潜在的量子攻击。此外，安全多方计算、新型公钥密码体系、融合了人工智能的安全通信协议，以及可信执行环境等技术，都在为物联网提供更加安全的数据保护和设备防护。入侵检测技术的进步也为物联网安全提供了实时监测和响应潜在威胁的能力。

（二）算网一体技术

算网一体是物联网安全领域的一个新兴概念，强调计算资源和网络资源的深度融合，以实现更加灵活和高效的资源利用。在物联网环境中，算网一体可以通过边缘计算技术实现，将计算任务从中心云迁移到网络边缘，大幅减少数据传输延迟时间，提高响应速度，同时减轻中心云的计算压力。在安全方面，算网一体技术可以提供更加分布式的安全防护，通过在网络边缘部署安全措施，如入侵检测系统和防火墙，可以更快地识别和响应安全威胁。支持更加细粒度的安全策略实施，可根据不同区域和设备的安全需求，动态调整安全资源的分配。

（三）区块链技术

区块链技术为物联网安全提供了一种去中心化的信任机制。它通过构建一个分布式账本，记录所有经过验证的交易，确保数据的不可篡改性和透明性。每个区块包含一组交易记录，并通过密码学方法与前一个区块连接，形成一个不断增长的链条。智能合约是区块链的关键特性，它允许在满足预设条件时自动执行合同条款，这在物联网设备管理、数据交换和交易中非常有用，因为它减少了中介的需要并提高了效率。

（四）人工智能技术

人工智能技术在物联网安全领域的应用日益增多。通过分析大量数据来学习模式和异常行为，从而预测和检测潜在的安全威胁。机器学习算法能够不断自我优化，通过监督学习、无监督学习和强化学习等方法，自动识别网络攻击和异常行为。例如，使用支持向量机和神经网络可以对网络流量进行分类，区分正常流量和恶意攻击，而强化学习则可以使物联网设备在面对新威胁时做出快速反应。

（五）边缘计算技术

边缘计算是一种分布式计算架构，它将数据处理和分析任务从中心服务器转移到网络边缘的设备上，这些设备更接近数据源。通过在边缘设备上进行计算，显著减少数据传输延迟，提高响应速度，对于实时性要求高的物联网应用至关重要。此外，边缘计算技术还可以减少对中心云的带宽需求，降低成本，并提高数据隐私性。

（六）云计算集成技术

云计算技术为物联网提供了强大的数据处理能力、可扩展的存储解决方案和高级安全服务。物联网设备通常计算能力和存储空间有限，而云计算提供了几乎无限的资源，使得大量数据可以被高效地处理和存储。云服务提供商通常提供多层次的安全措施，包括网络安全、数据加密、身份和访问管理以及安全监控服务。此外，云计算平台还可以与物联网平台集成，提供端到端的安全解决方案，从设备到云端的每个环节确保数据的安全和隐私。

（七）生物识别与认证技术

生物识别与认证作为先进的身份验证技术，利用个体独特的生理或行为特征来确认其身份，包括指纹、面部识别、虹膜扫描、声纹识别和签名动态等。生物识别系统通常包括传感器、特征提取算法和匹配算法。传感器用于捕捉生物特征数据，特征提取算法分析数据并提取关键特征，匹配算法则将提取的特征与数据库中的模板进行比较，以验证用户的身份。生物识别技术在物联网安全中的应用可以提供高安全性的访问控制，尤其在需要高安全性的环境和设备中。

第二节　全球经验及做法

一、各国围绕安全和隐私保护推进物联网安全防护政策标准出台

美国方面，自 2023 年以来，美国在物联网安全领域采取了一系列政策、标准和管理条例，以应对日益增长的安全挑战并推动技术发展。在《物联网网络安全改进法案》《联邦政府物联网设备网络安全指南》（SP 800-213）及

其附件《物联网设备网络安全需求目录》（SP 800-213A）的基础上，美国政府于 2023 年提出了《2023 年国家网络安全战略》，旨在加强国家网络安全的整体架构，其中将物联网设备的安全问题提到了新的高度。2023 年年末，美国联邦通信委员会提出了物联网设备自愿性网络安全标签计划，该计划将根据美国国家标准与技术研究院的网络安全标准对无线通信设备进行监管，并计划在 2024 年下半年实施。该计划将帮助消费者了解将特定设备引入其家中可能带来的风险，消费者可以通过智能手机扫码了解设备的软件更新策略、数据加密和漏洞修复等信息。在技术研究和创新方面，美国政府通过《美国创新与竞争法案》等法案，支持物联网相关技术的研究与开发，并促进产业数字化转型。同时，美国商务部牵头组建联邦物联网工作组，与美国联邦通信委员会和国家电信与信息管理局合作评估物联网频谱资源，推动物联网技术的创新和发展。

欧盟方面，2023 年 6 月，欧盟委员会发布了新的《通用产品安全法规》（GPSR）（EU）2023/988，该法规于 2024 年 12 月 13 日强制实施。新法规的目的是确保欧盟市场上的所有消费品都是安全的，包括在线市场的具体产品安全要求，以保护消费者免受通过在线市场销售的危险产品的侵害。2022 年 9 月，欧盟委员会提出了《网络弹性法案》，旨在确保所有数字产品的使用安全，使它们能够抵御网络威胁并提供有关其安全属性的足够信息。该法案特别强调了身份管理系统软件、密码管理器、生物识别读取器、智能家居助理和私人安全摄像头等产品的安全性，并要求这些产品能够自动进行安全更新，与功能更新产品分开安装。欧洲电信标准化协会研提了首个面向消费类物联网产品的全球网络安全标准——ETSI EN 303 645 标准，该标准提供了防止针对智能设备的大规模普遍攻击的有效、基本的评估方法。此外，欧盟在"数字十年"规划中强调了建设安全、高性能和可持续的数字基础设施的重要性，规划中提到，到 2030 年，计划部署 10000 个安全性高、环境友好的互联网边缘节点。

日本方面，日本政府在物联网安全和数字化转型方面进行全面考虑和采取积极行动。据悉，日本拟发布物联网产品安全合格评定方案的政策草案。该草案类似于其他国家的物联网安全标签计划，旨在通过赋予符合安全标准的物联网产品安全标签，让消费者获得产品安全信息，做出明智的购买决策。该计划由政府和企业合作推进，采用市场化形式，利用消费者的购买决策来推动物联网厂商提升产品安全水平。日本物联网安全标签计划的背景是数字化推进下物联网产品数量的迅速增加以及针对其漏洞的网络攻击数量的增加。此外，日本还参与了国际电信联盟的物联网全球标准化工作组，参与物联网国际标准的制定和推广。

除美国、欧盟、日本外，全球范围内主要国家持续就物联网安全出台政策文件和标准，如韩国在 2022 年通过《物联网基本法》后，持续加强用户隐私保护，促进物联网产业的健康发展。新加坡政府推出了"智慧国"计划，其中包括一系列物联网安全的政策措施等。此外，国际物联网企业面向日益提高的安全要求，积极参与到标准制定中。连接标准联盟酝酿宣布一项物联网设备安全规范，其基准网络安全标准和认证计划，旨在为消费类物联网设备提供全球认可的单一安全认证。据悉，该规范由亚马逊、康卡斯特、Signify（飞利浦 hue）等厂商，以及 Arm、英飞凌和恩智浦等超过 200 家成员公司共同参与起草。

二、中国持续推进物联网安全应用

中国在物联网领域技术、产业、应用方面持续推进安全防护规范。随着物联网范围的不断拓展，数据安全、个人信息保护的重要性被提升到了新的高度。

在物联网终端和网络方面，车联网作为近年来产业发展的重点，也是物联网应用和安全风险的高发领域。自 2023 年以来，中国颁布了一系列政策措施：在"十四五"规划纲要中，中国强调加快智能网联汽车道路基础设施建设和 5G-V2X 车联网示范网络建设，目标包括到 2023 年完成车联网产业网络安全标准指标 50 项、智能交通相关重点指标 20 项；2023 年 7 月，工业和信息化部、国家标准化管理委员会联合印发《国家车联网产业标准体系建设指南（智能网联汽车）（2023 版）》，旨在构建新型智能网联汽车标准体系，适应智能网联汽车发展的新趋势、新特征和新需求；2023 年 11 月，工业和信息化部等 4 部门联合发布《关于开展智能网联汽车准入和上路通行试点工作的通知》，明确了试点申报、试点实施、试点暂停与退出、评估调整等流程，并对汽车生产企业和使用主体提出了网络安全和数据安全保障能力、产品网络和数据安全要求。

同时，中国针对物联网网络安全产品、通信设备及应用等发布了相关规范条例。2023 年 4 月，国家网信办、工业和信息化部等 5 部门联合发布《关于调整网络安全专用产品安全管理有关事项的公告》，提出自 2023 年 7 月 1 日起，网络安全专用产品应当按照《信息安全技术 网络安全专用产品安全技术要求》等相关国家标准的强制性要求，由具备资格的机构安全认证合格或者安全检测符合要求后，方可销售或者提供，停止颁发计算机信息系统安全专用产品销售许可证。2023 年 4 月，中央网信办、国家发展改革委、工业和信息化部联合印发《深入推进 IPv6 规模部署和应用 2023 年工作安排》，明确了 2023 年工作目标，部署了十一个方面重点任务，其中，在强化安全保障方面，要求加快 IPv6 安全关键技术研发和应用、提升 IPv6 网络安全防护和监测预警能力、加强 IPv6 网络安全管理和监督检查。2023 年 10 月，国务院发布《未成年人网络保护条例》，扩大了未成年人个人信息的保护范围，要求物联网服务提供商确保产品和服务的安全性。

第三节 问题和挑战

随着物联网设备的普及和应用领域的扩展，物联网安全面临的问题日益增多。物联网安全面临的问题不单单是传统设备、网络风险，更有新技术、新场景带来的威胁和数据安全等问题。

一、设备安全和脆弱性问题依然存在

物联网设备通常设计为低成本和易于部署设备，这往往以牺牲安全性为代价。许多设备运行着简化的操作系统或固件，缺乏足够的安全控制措施。设备可能包含已知漏洞，而制造商没有提供及时的补丁或更新。此外，弱密码和默认凭据问题使得设备容易受到暴力破解和未经授权的访问。

二、网络暴露和攻击面持续扩大

随着物联网设备的广泛应用，物联网空间持续拓展，大量设备暴露在互联网上，成为攻击者的目标。这些设备可能成为发起更大范围网络攻击的跳板，如分布式拒绝服务攻击。由于物联网设备的数量庞大，它们增加了网络的攻击面，使防御变得更加困难。

三、标准化和法规支持尚待完善

物联网领域缺乏统一的安全标准和法规，导致设备和平台之间的不兼容，以及安全措施的不一致。没有标准化的安全协议，不同厂商的设备可能

采用不同的安全措施，使跨平台的安全变得复杂。此外，法律法规的滞后使得对物联网设备制造商和用户的监管和责任追究变得困难。

四、安全更新和维护问题严峻

大多数物联网设备一旦部署，很少或从未接收到安全更新信息。这意味着随着时间的推移，这些设备可能继续运行着过时和不安全的软件。设备制造商可能没有建立有效的更新机制，或者用户可能忽视了更新的重要性。此外，设备的生命周期可能很短，制造商可能不会为旧设备提供长期的安全支持。

五、新技术带来物联网安全新挑战

随着新技术的不断涌现，物联网领域正迅速扩展，但也带来了一系列新的安全问题。例如，5G 的引入极大地增强了设备的连接能力，但增加了新的攻击面。边缘计算的兴起使得数据处理更靠近数据源，减少了延迟，但这也意味着安全措施需要在更多的分布式节点上实施，增加了管理难度和复杂性。人工智能技术在物联网安全中的应用，可能被用来设计更隐蔽的攻击。物联网设备中使用的区块链技术中智能合约的漏洞可能被利用来发起攻击，影响整个网络的安全。

六、数据保护和隐私问题不容忽视

物联网设备收集的数据可能非常敏感，包括个人健康信息、财务数据和个人生活习惯等。如果这些数据在传输或存储过程中未加密或未经安全处理，就可能遭受泄露，侵犯用户隐私。此外，数据的完整性也可能受到威胁，未经授权的第三方可能篡改数据。

第十一章

工业互联网安全

第一节　概念内涵

  工业互联网是制造业与信息技术深度融合的产物，通过将先进信息技术等与工业系统深度融合，实现工业设备、生产线、工厂、仓库、供应链以及产品全生命周期的数字化、网络化和智能化，提高生产效率和产品质量，促进资源的优化配置和能源的节约利用，为制造业数字化转型提供强有力的支撑，不断推动着工业生产方式的变革。

  当前，全球工业互联网从快速发展向精耕细作并重阶段转化。各国政府高度重视工业互联网高质量发展，通过政策引导、资金支持、标准制定等手段，推动工业互联网的创新和应用。新兴数字技术与传统工业体系的融合创新日益活跃，更多的制造业企业开始加大数字化转型的投入力度。在技术发展与市场需求的双轮驱动之下，新的产业空间正在被不断地创生出来，推动工业互联网技术产业的边界持续扩展延伸。智能装备、开放自动化、云原生工业软件及工业智能等新兴产业正在加速崛起，成为工业互联网发展的新的动力引擎。

  随着工业互联网应用场景拓展，安全威胁也在不断增加。近年来，网络攻击事件、勒索软件威胁事件持续增长，境外攻击、非法外联和木马后门问题严峻，挖矿病毒和恶意程序攻击不断发生，数据安全和隐私保护带来监管新挑战。安全运营的复杂性、技术标准、企业数字化水平不均衡等挑战也对工业互联网的安全构成了严峻考验。与此同时，伴随着 5G、云计算、大数据、人工智能、区块链等新技术的发展，工业互联网安全业态也发生着改变，为工业互联网安全提供了新的可能性。

第二节　全球经验及做法

一、多国出台工业互联网安全政策标准，提升协同安全防护水平

美国方面，针对工业互联网安全政策、标准和发展方向进行了全面规划和深入实施，旨在构建一个更加安全、有韧性的数字生态系统。美国白宫在 2023 年发布了《国家网络安全战略》，详细阐述了美国政府改善数字安全的系统性方法，旨在帮助美国准备和应对新出现的网络威胁。该报告围绕建立"可防御、有韧性的数字生态系统"，提出了保护关键基础设施、破坏和摧毁威胁行为者、塑造市场力量、投资于有韧性的未来、建立国际伙伴关系五大支柱共 27 项举措。工业互联网作为关键基础设施的重要载体，将对公私合作、关键基础设施保护、数据管理责任以及工业联网设备安全等方面产生深远影响。

欧盟方面，聚焦强化网络防御和提升工业互联网产品安全市场标准，强调数据保护和隐私安全。2022 年 9 月，欧盟委员会发布《网络弹性法案》，要求全球的软硬件数字产品在欧洲上市前满足欧盟网络安全标准。此外，欧盟积极参与国际标准 ISO/IEC 24392：2023《网络安全　工业互联网平台安全参考模型》，这一标准专门针对工业互联网平台的安全问题提供了系统性的安全目标和防御措施。同时，欧盟积极探索新技术在工业互联网安全中的应用，如通过量子通信基础设施网络及其所需的关键技术研发，以保障新技术的安全性和可靠应用。

日本方面，自 2023 年起，对工业互联网安全的政策聚焦于优化关键基础设施供应链安全，增强竞争力，并针对特定重要商品制定确保稳定供应的指导方针。日本政府在 2022 年通过了《经济安全保障推进法案》，从 2023 年开始分阶段实施。《经济安全保障推进法案》主要包含强化供应链韧性、加强关键基础设施审查、敏感专利非公开化、官民协作强化尖端技术研发四大支柱内容。日本信息处理推进署在 2023 年发布了"信息安全十大威胁"，并提供了详细的分析资料，指导工业互联网安全的标准制定和风险评估。同时，日本也在积极参与国际标准的制定，如参与 ISO/IEC 24392：2023《网络安全　工业互联网平台安全参考模型》的制定。

其他国家也出台了相关政策。韩国在 2019 年《智能制造促进政策》的基础上，聚焦于构建国家一体化网络威胁应对体系，强调深化与盟友合作以

应对网络威胁，持续促进制造业数字化转型的具体政策和措施实施，包括支持智能工厂建设、加强工业互联网等。澳大利亚发布《关键基础设施保护法案》修正案，强调提升关键基础设施所有者和运营者的风险管理、准备、预防和复原能力。

二、中国持续强化政策落地保障，引领国际标准规范制定

自 2023 年以来，中国出台了多项政策细化安全保障，推动工业互联网安全产业的健康发展。2023 年 5 月，GB/T 39204—2022《信息安全技术 关键信息基础设施安全保护要求》正式施行，规定了工业领域的关键信息基础设施运营者在分析识别、安全防护、检测评估、监测预警、主动防御、事件处置等方面的安全要求，主要用于指导运营者、网络安全服务机构等相关单位共同构建关键信息基础设施安全保障体系，对中国工业互联网关键基础设施安全保护的实施起到了重要的指导作用。2023 年 10 月，工业和信息化部发布《工业互联网安全分类分级管理办法（公开征求意见稿）》公开征求意见，指出要建立健全企业内部网络安全管理制度，积极将网络安全纳入企业发展规划和工作考核，加大网络安全投入力度，加强网络安全防护能力建设，有效防范化解网络安全风险。同月，工业和信息化部发布《工业和信息化领域数据安全风险评估实施细则（试行）（征求意见稿）》，明确了数据安全风险评估的工作原则、评估内容、评估期限、评估方式、委托评估、风险控制、评估报送等内容，以及工业和信息化领域重要数据和核心数据处理者在数据处理活动中涉及的目的和方式、业务场景、安全保障措施、风险影响等要素，对工业互联网领域数据提出了明确的安全防护要求。2023 年 11 月，工业和信息化部发布《"5G+工业互联网"融合应用先导区试点工作规则（暂行）》和《"5G+工业互联网"融合应用先导区试点建设指南》，要求推广工业互联网安全分类分级管理模式。2023 年 12 月，工业和信息化部办公厅发布《工业和信息化部办公厅关于组织开展网络安全保险服务试点工作的通知》，面向联网工业企业、平台企业、标识解析企业等工业互联网载体提出积极利用网络安全保险防范网络安全风险，探索承保网络攻击影响造成的相关费用和损失，促进企业提升网络安全风险应对能力，完善网络安全风险管理体系。2023 年，中国牵头提出的网络安全国际标准 ISO/IEC 24392：2023《网络安全 工业互联网平台安全参考模型》发布，用于解决工业互联网应用和发展过程中的平台安全问题，可系统指导工业互联网企业及相关研究机构，针对

不同的工业场景，分析工业互联网平台的安全目标，设计工业互联网平台安全防御措施，增强工业互联网平台基础设施的安全性。

三、工业互联网安全赋能领域加速推进，新技术应用成效初显

近年来，中国工业互联网平台的基础设施建设不断夯实。据统计，中国现有重点平台工业设备连接数量累计超过9000万台，沉淀工业模型超过100万个，有效助力产业高质量发展。工业信息安全产业链的中游为安全集成服务提供商，包括信息安全硬件设备提供商、信息安全服务提供商和信息安全软件产品提供商等企业在电力、烟草、轨道交通、冶金、石油石化、钢铁、煤炭、先进制造、燃气等对信息保护要求苛刻的行业中发挥着重要作用。

人工智能、5G 网络、虚拟现实（Virtual Reality，VR）和增强现实（Augmented Reality，AR）、区块链与边缘计算等新一代信息技术加速赋能工业互联网安全服务，为安全应用带来了更多可能性。

（一）人工智能在工业互联网安全领域的应用日益广泛

随着以 ChatGPT 为代表的大语言模型的问世，人工智能应用于工业互联网的场景更加广阔。如在智能监控与异常检测方面，人工智能技术可部署在工业互联网平台，通过机器学习算法实时监控网络流量和系统状态，识别出正常行为模式之外的异常行为。例如，某大学在工业流量异常监测技术研究中，利用人工智能方法进行异常行为的识别和分析。在预测性维护方面，通过分析工业设备的历史数据和实时数据，人工智能可预测设备可能出现的故障，并提前进行维护，帮助减少停机时间并提高生产效率。在安全漏洞扫描与修复方面，人工智能可以用于自动化扫描工业系统中的安全漏洞，并提出相应的修复建议。在威胁情报分析方面，人工智能系统能够处理和分析大量的威胁情报数据，帮助安全专家快速识别最新的安全威胁和攻击模式。此外，应用人工智能可进行工业网络安全威胁自动化响应与防御、安全策略优化、辅助安全运维等工作。

（二）5G 网络的规模化部署让工业互联网安全防护更加实时高效

通过提供高速率、低时延和大连接数据，显著提升了工业网络的数据传输安全性和可靠性。5G 的先进加密技术保障了数据的机密性和完整性，而超低时延特性使得实时控制和精确同步操作成为可能，这对自动化和机器人

控制尤为关键。此外，5G 支持的大规模设备连接能力，为物联网设备的集成和管理提供了强大支持，推动了工业自动化和智能化的发展；5G 网络切片技术的应用，允许为不同的工业应用定制专用的网络环境，增强了网络的灵活性和安全性。同时，5G 网络的边缘计算能力减少了数据传输的时延，提高了响应速度，并降低了对中心云的依赖性；5G 还促进了网络安全监测工具和算法的集成，提高了对潜在威胁的识别和响应能力。其灵活性支持多种网络部署模式，满足了不同工业企业的特定安全和性能需求，为构建开放和互联的工业生态系统提供了支持。

（三）VR 和 AR 技术在工业网络安全领域的应用，为传统的工业安全监管和培训带来了创新和变革

通过 VR 和 AR 技术，企业能够创建沉浸式的模拟环境，让员工在没有实际风险的情况下，体验和学习如何应对各种潜在的安全威胁和紧急情况。例如，在培训中，通过 VR 技术可以模拟工业事故现场，使员工在完全可控的环境中学习正确的应急响应措施，从而提高他们的安全意识和应对能力。AR 技术则可以在员工执行任务时，通过叠加虚拟信息到现实世界中，提供实时的操作指南和安全提示，帮助员工更准确地执行安全操作，减少人为错误。此外，专家可以通过 AR 或 VR 技术远程指导现场工作人员进行复杂操作或故障排除，确保操作的安全性和准确性。在监控方面，AR 技术可以增强实时监控系统的显示，通过识别潜在风险并实时提醒操作人员，从而提高工业环境的安全性。同时，VR 和 AR 技术还能够用于模拟安全演练，帮助企业评估和优化其安全策略和应急预案，优化安全监管流程，为工业互联网安全带来了新的思路和解决方案。

（四）区块链与边缘计算技术结合，为工业互联网安全防护发挥乘数作用

区块链技术以去中心化、不可篡改和高透明度的特性，为工业互联网提供了一种全新的安全保障机制。在工业网络中，区块链可以用于确保数据的完整性和真实性，通过为设备间通信和数据交换提供安全的框架，增强了整个工业系统的信任度。此外，区块链还可以用于智能合约，自动执行的合约能够在满足预设条件时自动触发行动，从而提高工业流程的效率和透明度。边缘计算通过在网络边缘进行数据处理，减少了数据在网络中的传输，降低

了延迟，提高了响应速度。同时，边缘计算还可以实现对工业设备和传感器的局部控制，降低了因中心化控制受到攻击而带来的系统性风险。将区块链和边缘计算结合起来，工业互联网可以实现更加精细化的安全防护和协同。区块链可以为边缘设备提供身份验证和数据完整性验证，边缘计算为区块链网络提供实时数据支持，两者的结合能够实现更加高效的安全监测和响应机制。

第三节　问题和挑战

伴随着技术的发展和网络化程度的加深，工业网络安全面临着许多传统问题和新的挑战，主要包括传统设备安全隐患、技术应用带来的安全新问题，以及数据安全与标准体系不健全、安全人才短缺等问题。

一、传统设备安全隐患问题依然严峻

近年来，中国推出工业领域大规模设备更新政策，助力新动能加快培育增长，增强工业发展动力。然而，当前制造业领域仍然以大量的传统工业设备为主，随着工业控制系统与互联网等开放网络的连接，传统的网络边界变得模糊，导致潜在的攻击面扩大，增加了遭受远程网络攻击的风险。信息技术领域的安全威胁将跨越到运营技术领域，对工业控制系统造成威胁，产生一系列安全风险。例如，设备出厂配置的默认用户名和密码易于被攻击者利用，不充分的网络隔离措施可能导致攻击者轻易入侵，未经授权的访问可能让敏感设备遭受数据泄露或操控等。同时，物理安全措施不足可能使设备遭受物理破坏或篡改，供应链中的安全漏洞可能影响整个生产网络的安全。此外，操作人员网络安全意识不足，无法识别和防范潜在威胁；新旧设备间的兼容性问题以及缺乏统一的安全标准和协议等使设备间的安全集成和协同防御变得困难等。

二、新技术应用带来工业网络安全新问题

人工智能、大数据和 5G 等新一代信息技术在推动工业互联网快速发展的同时，也带来了一系列新的网络安全问题。例如，人工智能的引入使得工业系统更加智能化和自动化，攻击者可以利用人工智能技术来模拟正常操作，绕过传统的安全检测机制，或者开发自动化工具进行大规模的攻击尝试；大数据技术的应用使得工业系统能够收集和分析前所未有的数据量，但也带来了数据泄露和隐私保护方面的挑战。工业数据往往包含敏感信息，如商业

机密、用户数据等，一旦泄露可能会给企业带来重大损失。同时，对大数据的分析和挖掘可能会揭示系统的潜在弱点，为攻击者提供可乘之机；5G 网络的广泛部署将连接更多的设备和服务，增加了潜在的攻击面。此外，各类技术的融合应用还可能导致新的安全问题。例如，人工智能和大数据的结合可能会被用来进行更精准的网络攻击，而 5G 网络的广泛应用可能使攻击传播得更快、更广。

三、工业数据安全问题亟待应对

当前，数据安全问题是一个复杂且紧迫的议题。随着工业系统与互联网的深度融合，数据安全风险日益严峻。工业互联网企业在数字化转型的过程中，面临着数据泄露、窃取、篡改等风险，这些风险可能源自海量工业终端的不安全接入、网络隔离不足、边缘计算的安全漏洞以及 5G 网络的广泛应用。数据作为工业互联网的"血液"，数据安全直接关系到企业乃至国家安全。一方面，工业互联网的快速发展带来了数据量的激增，数据种类繁多、体量庞大，使得数据安全管理变得更加困难。企业在数据安全管理方面的认识虽然逐步提高，但在实际落地时仍面临诸多挑战，多数企业尚未制定数据管理和安全相关战略规划，数据安全管理未能成为信息化的基础性工作。另一方面，随着工业互联网数据安全重要性的凸显，工业数据已成为重点攻击目标。工业互联网数据安全是保障企业生产经营正常开展、经济社会健康发展的重要前提，企业对提升工业数据的安全防护水平存在迫切需求。

四、安全人才缺口较大、结构不均衡等问题明显

近年来，中国对工业互联网与安全领域的人才重视程度不断提高，陆续出台了一系列工业互联网人才政策，然而，在实际中仍存在政策支持不足、落实不到位的问题。此外，工业互联网安全人才的培养需要大量的投入，包括时间、资金和资源等在目前并未充分发挥作用达到理想效果。当前工业互联网安全人才领域面临的人才缺口大、教育培养与实际需求脱节、缺乏专业教材和课程、人才结构不合理、评价体系不完善、实践经验不足、流动性大以及政策支持不足等挑战，导致企业难以找到合适的网络安全人才，特别是缺乏能够适应复杂工业场景的复合型专业人才。此外，由于缺乏系统性的教育和培训，以及缺乏实战经验的累积，现有人才的综合能力难以满足工业互联网快速发展的安全需求。同时，人才流动性大和政策支持不够均衡，也加剧了人才短缺和分布不均衡的问题。

第十二章

车联网安全

第一节　概念内涵

一、车联网

车联网（the Internet of Vehicles）是物联网（the Internet of Things）概念的子集。国际电信联盟（International Telecommunication Union，ITU）将物联网定义为世界上任何连入网络的物体，物体与物体之间在不需要人为干预的情况下，实现物与物的信息交互。从此处来看，车联网泛指实现车辆与其他外部设备的信息交互的网络。

谈到车联网，自然离不开"车辆"这一概念。通常来讲，车辆是一种专门为了移动而设计的机械，它被用于运送人员或者货物。由于车辆先天具有可移动的属性，通过有线方式连接车辆与网络会直接涉及线束的移动，这种特殊情况在实际使用场景中几乎无法见到。一般情况下，车联网的实现方式均为通过无线通信技术，使车辆可以与外界实现包括发送信息、接收信息的交互动作。

从广义角度来看，车辆终端上各传感器、控制器和执行器中的通信组成了信息通信网络，也被包含在"车联网"这一概念中。车联网的狭义概念在一定程度上指车外网络，其中 V2X（Vehicle to Everything）的概念指的是车与外界一切交互的技术，它允许车辆通过内置的通信系统与各种对象进行信息交换和通信。V2X 技术是智能汽车和智能交通系统的关键支撑技术之一，它包括车辆与车辆（V2V）、车辆与基础设施（V2I）、车辆与行人（V2P）、车辆与外部网络（V2N）等多种通信应用场景。在较早的定义中，认为车辆上的车载设备通过无线通信技术，对信息网络平台中的所有车辆动态信息进行有效利用，在车辆运行中提供不同的功能服务。例如，车联网能够为车与车的间距提供保障，降低车辆发生碰撞事故的概率；车联网可以帮助车主实时导航，并通过与其他车辆和网络系统的通信，提高交通运行的效率；车联网也是实现安全自动驾驶的重要保障。

二、车联网应用

车联网技术使汽车可以与外界进行高效、安全和多向的通信，主要在辅助驾驶、应急协同、交通优化等场景进行应用。

（一）辅助驾驶

功能一：碰撞预警系统。通过与其他车辆、路侧基础设施的通信，获取周围车辆的速度、方向和位置信息，预测潜在的碰撞风险，并向驾驶人发出预警。功能二：自适应巡航控制。利用车联网技术，车辆能够实时获取前方车辆的速度和距离信息，自动调整车速以保持安全距离。功能三：车道保持辅助。通过车联网获取车道信息，辅助系统能够监测车辆是否偏离车道，并在必要时自动进行校正。功能四：盲区监测。通过车辆与车辆、车辆与路侧基础设施的通信，监测车辆盲点区域的其他车辆或障碍物，并向驾驶人提供警告。功能五：交通信号识别。车联网技术可以帮助车辆识别交通信号灯状态，甚至在视线受阻的情况下也能接收到信号灯变化信息，辅助驾驶人做出正确决策。功能六：紧急制动辅助。在检测到紧急情况时，车联网系统可以迅速向驾驶人发出警告，并在必要时自动启动紧急制动程序。功能七：高精度定位与导航。结合高精度地图和定位技术，为驾驶人提供精确的导航信息，包括车道级导航和复杂路口的详细指引。

（二）应急协同

功能一：紧急信息广播。在发生交通事故或自然灾害等紧急情况时，车联网可以迅速向受影响区域的车辆广播警告信息，提醒驾驶人采取相应措施。功能二：事故快速响应。通过车辆传感器和车联网通信，车辆在发生事故时可以自动发送紧急求救信号，包括位置、事故类型等信息，以便救援人员快速定位并响应。功能三：交通流量控制。在紧急情况下，如发生火灾、化学泄漏等事件，车联网可以帮助交通管理中心实时监控交通流量，动态调整交通信号灯,引导车辆避开危险区域。功能四:救援车辆优先通行。为救护车、消防车等救援车辆提供优先通行权,通过车联网系统自动调整交通信号,确保救援车辆能够快速到达事故现场。功能五:提供实时路况信息。在发生自然灾害等情况下,车联网可以提供实时路况信息,帮助驾驶人规划安全路线,避开受阻或危险区域。功能六:车辆远程控制。在某些紧急情况下,如车辆失控,车联网技术可以允许远程操作中心接管车辆控制,以避免进一步的事故风险。功能七:紧急物资调配。在发生灾害时,车联网可以协助人们进行紧急物资调配,通过优化物流路径,快速将救援物资送达需要的地方。功能八:车辆状态监控。在紧急情况下,可以监控受影响区域内车辆的状态,如燃油量、损坏情况等,以便更好地协调救援资源。功能九:人员疏散指导。在需要紧急疏散的情况下,车联网可以提供疏散路线建议,指导人员通过最安全的路径撤离危险区域。

(三)交通优化

功能一:交通流量监控与分析。通过收集和分析车辆的位置、速度等数据,实时监控交通流量,预测交通趋势,为交通管理部门提供决策支持。功能二:智能交通信号控制。利用车联网技术,交通信号灯可以根据实时交通流量自动调整信号时序,优化交通流,减少拥堵。功能三:绿波带通行。通过车辆与交通信号灯的通信,协调车辆通过多个交叉口时的信号灯变化,使车辆可以在绿灯状态下连续通过,提高通行效率。功能四:动态停车管理。利用车联网技术,动态指导驾驶人寻找停车位,优化停车资源的分配,减少因寻找停车位导致的交通拥堵。功能五:车辆编队行驶。在高速公路或特定路段,通过车联网技术实现车辆的编队行驶,减少空气阻力,降低能耗,提高道路容量。功能六:环境监测与保护。监测车辆排放和交通状况,分析交通对环境的影响,制定措施减少污染。功能七:共享出行服务。通过车联网技术优化共享汽车和共享单车的分布和调度,提高共享出行服务的效率和便捷性。功能八:交通数据共享平台。建立交通数据共享平台,促进不同交通参与者和政府部门之间的数据共享与合作。

三、车联网安全

车联网安全一般泛指车联网系统的安全,包含车辆终端网络安全与数据安全、车联网通信安全、车联网服务平台安全。车辆终端作为车联网系统中最为重要的一部分，在车联网整体中的作用不言而喻。为了区别于传统汽车，业界将可连接外部网络且带有先进车载传感器、控制器和执行器等装置的车辆称为智能网联汽车（Intelligent Connected Vehicle，ICV）。此外，从"智能"二字进行解读，也可认为智能网联汽车的本质是通过具备先进传感技术的决策系统代替人的大脑实现控制，最终代替人进行自主行驶的新一代汽车。车联网安全和智能网联汽车系统的信息安全是一体两面的辩证统一关系，更进一步地，由于车联网安全的风险在极端的情况下可能导致智能网联汽车造成物理世界的交通事故，对参与交通的人员和财产造成损害，但并非所有的智能网联汽车的交通事故原因均由车联网安全导致，故为了区别于汽车交通行为的管理安全，本书有关车联网安全的讨论集中于技术与网络领域，暂不延展到汽车交通行为的管理中。

基于车联网技术的这些智能网联汽车能够提供更为便捷、舒适的驾驶体验。但由于高度的信息化和网络化，它们在带来便利的同时，也面临着前所未有的信息安全风险。2022 年 2 月 25 日，工业和信息化部办公厅正式印发《车联网网络安全和数据安全标准体系建设指南》，并要求各部门结合本行业或领域、本地区实际，在标准化工作中贯彻执行。该指南针对车联网总体与基础共性、终端与设施网络安全、网联通信安全、数据安全、应用服务安全和安全保障与支撑 6 个重点领域及方向，提出到 2023 年年底，初步构建起车联网网络安全和数据安全标准体系，完成 50 项以上急需标准的研制。到 2025 年，将形成较为完善的车联网网络安全和数据安全标准体系，完成 100 项以上标准的研制目标。

车联网安全风险可划分为以下四个方面。

（一）车辆终端本身的安全风险

作为智能网联汽车的核心组件，操作系统承载着应用、通信等功能，一旦被黑客攻击，后果不堪设想。此外，自动驾驶系统、行车信息采集系统等关键部件的安全漏洞也可能成为被攻击的目标。车辆本身涉及的核心资产比较多，如 T-Box、车载信息娱乐系统（In-Vehicle Infotainment，IVI）、智能座舱、汽车网关、车载计算平台等。基于以上任意核心资产，都有多种方法破坏其安全属性，造成不同程度的影响。比如，通过系统或软件漏洞获取 IVI root 权限，破解 IVI 与 T-Box 或网关的通信，进一步实现控制 ECU；也可以监听车辆与云平台的通信，实现远程控车。

（二）云平台的安全风险

云平台作为智能网联汽车的数据存储和处理中心，一旦遭受恶意攻击，不仅会导致数据泄露，还可能引发更大规模的安全事故。平台层包括整车企业对汽车提供远程服务的平台（TSP 平台）、远程升级服务平台（OTA 平台）以及第三方服务平台等。攻击者可以篡改云平台给车辆下发的指令，远程控制车辆，对车辆使用者的人身安全造成影响。此外，云平台会存储大量用户信息、车辆状态信息以及车辆行驶轨迹，通过云平台漏洞获取平台权限，可以窃取用户信息，造成个人隐私的泄露。对云平台的攻击，会波及所有与云平台相连接的车辆、应用及与其相关的所有数据。

（三）网络通信的安全风险

由于智能网联汽车需要实时与外部网络进行数据交换，这为黑客提供了可乘之机，他们可能通过网络渗透攻击来窃取或篡改数据。通信层包括用于实现车—车、车—路、车—云信息交互的 OBU/RSU 等设备，以及实现智能交通控制的移动边缘计算。攻击者可以劫持通信会话，篡改通信内容、篡改移动计算结果。车辆收到错误的信息会导致车辆使用者的人身和财产安全受到影响，甚至带来交通安全问题，存在侵害个人或组织的利益、影响社会秩序的风险。目前，车辆和后台通信一般会采用 4G/5G 的方式，车辆和车辆之间、车辆和道路之间则可能会用到 LTE-V 通信技术。攻击者可以设置伪基站，欺骗通信单元，发送伪造的信息。但是这种方式对攻击设备、攻击环境和攻击人员的专业性要求较高，实现的成本较大。如果发现通信方式采用比较安全的 4G/5G 的方式，攻击者大概率会选择其他的攻击路径。

（四）与智能网联汽车相关联的外部设备的安全风险

车主使用的操控 App、充电桩等设备如果存在安全漏洞，也可能成为攻击的突破口。移动终端 App 可以让车辆用户更方便快捷地控制车辆，用户可以通过控车 App 实现获得车辆的位置、跟踪车辆轨迹、打开车窗和车门、启动引擎等操作。控车 App 几乎成为新一代车辆的标配，但也成为汽车行业中的一个风险因素。控车 App 涉及第三方提供服务，应用本身代码的漏洞、与平台通信过程中的漏洞、App 的接口调用漏洞等均可以成为攻击向量。

第二节 2023 年车联网典型安全事件

国家互联网应急中心车联网漏洞库监测数据显示，2023 年新增 1045 个车联网漏洞，其中高危漏洞 626 个、中低危漏洞 419 个，均可对车联网用户数据、车辆数据的安全造成一定的危害。本书从车联网云平台、车联网网络传输、车联网车辆终端和车联网应用服务 4 个方面选取了 2023 年典型安全事件，供参考。

一、车联网云平台安全事件

丰田泄露了 213 万辆汽车敏感数据，实时位置暴露近 10 年。2023 年 5 月 12 日，日本丰田汽车公司承认，由于云平台系统的设置错误，其日本车主数据库在近 10 年"门户大开"，约 215 万名日本用户的车辆数据蒙受泄露风险。此次事件暴露了 2012 年 1 月 2 日至 2023 年 4 月 17 日，使用丰田 T-Coneect、G-Link、G-LinkLite 及 G-BOOK 服务的用户信息。由于人为错误，丰田云平台系统的账户性质被设置为"公共"而非"私人"，这导致车辆的地理位置、识别号码等数据处于开放状态。因此事受影响的范围仅限于日本境内车辆，涉及注册丰田车载信息服务、远程车载信息通信等服务的大约 215 万名用户，包括丰田旗下品牌雷克萨斯的部分车主。丰田在"Toyota Connected"网站上发布的第二份声明还提到车外拍摄的视频记录在此次事件中暴露的可能性。发言人称，没有证据表明这些数据遭泄露、复制或恶意使用。丰田承诺向受到影响的用户单独发送致歉通知，并设立专门的呼叫中心来处理这部分用户的查询和请求。

二、车联网网络传输安全事件

福特汽车德州仪器提供的 Wi-Fi 模组存在缓冲区溢出漏洞。2023 年 8 月 10 日，Wi-Fi 模组供应商德州仪器公告，SYNC 3 信息娱乐系统采用的 Wi-Fi 驱动存在缓冲区溢出漏洞，影响部分福特汽车和林肯汽车。该漏洞被追踪为 CVE-2023-29468，位于汽车信息娱乐系统中集成的 Wi-Fi 子系统的 WL18xxMCP 驱动程序中，管理帧中没有限制 XCC_EXT_1_IE_I 和 XCC_EXT_2_IE_ID 的数据长度，允许 Wi-Fi 范围内的攻击者使用特制的超长管理帧触发缓冲区溢出，可能导致远程命令执行。

三、车联网车辆终端安全事件

特斯拉车载信息娱乐系统通过故障注入可实现"越狱"破解。2023 年 8 月 9 日，在 BlackHat 2023 上，柏林工业大学的三位博士研究生 Christian Werling、NiclasKühnapfel、Hans Niklas Jacob 以及安全研究员 Oleg Drokin 讲解了对特斯拉采用的 AMD Zen1 的安全处理器安全启动的破解过程：采用电压故障注入绕过安全启动对固件的完整性校验，通过提取固件植入后门并烧录回 Flash，获得特斯拉车载信息娱乐系统的管理员权限，之后，进一步研究 TPM（Trusted Platform Module，可信平台模块）对象密封和解封的过程，最终获得系统和用户敏感数据，提取出一个车辆独有的与硬件绑定的 RSA 密钥，此密钥用于特斯拉内部服务网络中对汽车进行验证和授权；他们还解密了加密的用户个人敏感信息，如通讯录、日历信息。

四、车联网应用服务安全事件

充电桩管理系统开放充电协议会话管理漏洞，可造成拒绝服务或免费充电。开放充电协议（Open Charge Point Protocol，OCPP）是一个全球开放性的通信标准，其目的在于解决充电桩和充电管理系统间的互联互通。OCPP 支持使用 HTTPS 和 Websocket 通信。在 OCPP 1.6 中，认证凭证是可选的，认证方式有三种：仅 ID、ID 和认证凭证、ID 和客户端证书。在 2.0.1 版本中，认证凭证是强制要求的。2023 年 2 月 1 日，SaiFlow 研究团队发现 OCPP 1.6 Websocket 存在漏洞，可远程控制充电桩拒绝服务或免费充电。研究发现，在使用 Websocket 通信时，以 URL 中的 ID（CP 3211）为唯一标识识别充电桩。攻击者使用相同的 ID，向充电桩管理系统发起连接请求，将影响正常的会话连接。根据充电桩本地配置的不同，攻击者可能造成该充电桩拒绝向已经正常连接的车辆充电或向新连接的未知车辆免费充电的情况。

第三节 问题和挑战

一、车联网云平台网络安全能力有待加强

国家互联网应急中心车联网漏洞库监测数据显示，按漏洞分类型统计，SQL（结构化查询语言）注入和信息泄露漏洞数量合计占 2023 年收录漏洞总数的 41%。中国汽车厂商在发展车辆网联化、智能化的同时，必须重视车联

网服务平台网络安全，提升网络安全相关部门人员能力，加强信息系统和车载零部件的网络安全防护。

二、新技术新产品与固有公众认知的矛盾突出

2023 年，汽车厂商推出了多款基于新技术的智能化、网络化汽车。部分汽车公司在 L2 辅助驾驶的宣传中更是提出了"想撞都难"的口号。但 2023 年由辅助驾驶而产生的致死事故依然经常引起公众的关注。部分用户在享受智能化、网络化带来便利的同时，没有深刻认识到目前辅助驾驶的功能无法代替驾驶人，导致了部分悲剧的发生。

三、车联网安全产业各方协同不足

汽车行业的数字化转型引入了大规模的潜在攻击。随着车辆变得更加软件定义化，使远程访问关键车辆功能成为可能，部分汽车厂商在新产品的研发中优先考虑功能，新设计了大量应用程序接口（API）。对于这些程序接口的合理使用目前仍然存在较大的风险，车辆部件或技术提供方、车上应用提供方及汽车厂商对涉及各方接口的安全方面关注较弱，对于漏洞修补的协同能力尚待加强。

四、数据泄露事件频繁发生

2023 年，奔驰汽车官网、宝马和劳斯莱斯供应商网站、法拉利经销商系统、日产北美公司以及丰田全球供应商信息管理系统等多家汽车经销主体均发生了数据泄露相关事件，影响超过千万名用户。泄露信息涉及车主个人身份、紧急联系方式、家庭住址等隐私信息，一旦被不法分子分析利用，对用户个人财产将产生巨大威胁，有新闻报道，部分被泄露用户信息遭到诈骗团伙利用，产生了百万元级别的财产损失。

第十三章

区块链安全

2008 年，中本聪（Satoshi Nakamoto）发表了一篇名为《比特币：一种点对点电子现金系统》（*Bitcoin: A Peer-to-Peer Electronic Cash System*）的论文，详细描述了比特币协议及其背后的区块链技术，旨在创造一种去中心化的数字货币体系，让参与者能够在无须信任第三方（如银行）的情况下进行安全交易。2009 年，中本聪创建了比特币的第一个区块，即创世区块（Genesis Block），标志着比特币网络的正式启动和区块链技术的实际应用。比特币网络横空出世，以前所未有的新理念支持了前所未有的交易模式。此后，以太坊站在前人的肩膀上，引入图灵完备的智能合约机制，释放了区块链技术的应用威力。为进一步推动区块链技术的跨行业应用和发展，Linux 基金会集合大型应用需求和先进技术成果，打造了能够帮助企业和开发者构建安全、可靠、高效区块链应用的联盟分布式账本平台——超级账本开源项目。随着区块链开源技术的发布，区块链技术被推向顶峰，对各行各业产生深远影响。

第一节　概念内涵

一、区块链

区块链是一种块链式存储、不可篡改、安全可信的去中心化分布式账本。它结合了分布式存储、点对点传输、共识机制、密码学等技术，通过不断增长的数据块链，记录交易和信息，确保数据的安全性和透明性。区块链的链式数据结构、分布式网络及底层的密码学原理使之具有去中心化、匿名性、公开透明、不可篡改、集体维护等特点。

去中心化。 区块链是一个点对点的分布式网络架构，无中心服务器，依靠对等用户之间进行信息交互的互联网体系。在区块链网络中，数据不存储在单一的位置，而是分别存储在网络中的每个节点上。在区块链网络中的每个节点都有一个完整的数据副本，这些节点共同验证和维护数据的准确性。在传统的中心化系统中，如果一个节点因被攻击而瘫痪则会导致整个系统崩溃，但是在区块链系统中，分布式的存储方式大大提高了数据的安全性，因为如果攻击者想要破坏系统中的数据，就需要同时对网络中的大部分节点展开攻击，然而，这在实际中是不可行的。区块链去中心化的网络结构意味着网络中不存在能够控制信息流动或者设置访问权限的中央权威机构，所有节点可以验证交易和接收最新的区块信息，每个节点的角色都是平等的，不存在特殊的中心节点。

匿名性。 在区块链网络中，匿名性的特点主要体现在交易过程中隐藏部分或全部信息，从而保护用户的隐私和安全。用户账户使用与真实身份信息无关的一串加密字符来表示，这样的设计虽然使任何用户都可以从区块链上查到与该地址相关的交易信息，但是很难追溯与该地址相对应的实际用户。

公开透明。 早期区块链系统的设计是开放式的，链上数据完全公开，任何人都可查看链上数据和交易记录。公开的数据可以使区块链上所有的参与者验证和确认交易的真实性和合法性，从而增强系统的安全性和可信度。区块链的透明性主要体现在其分布式账本技术上，区块链上所有的交易记录会被记录在一个共享的账本上，且该账本对所有参与者是透明可见的。区块链公开透明的特点消除了传统网络中信息不对称的问题，在区块链中任何个人或组织都可以获取链上全部信息，从而做出明智决策。

不可篡改。 区块链不可篡改的特性确保了数据一旦写入区块链，被修改或删除的可能性几乎为零，提供了高度的数据完整性和安全性。区块链中的每个区块交易记录在上一个区块生成之后，在该区块被生成之前所产生的记录，按照时间顺序逐步写入账本中，保证了数据的有效性，每个区块头中都记录着前一个区块的哈希值，一旦一个区块被篡改，则意味着该区块后所有的区块要跟着变更，这需要花费巨大的算力才可实现。因此，不能对区块中的已记录的数据进行修改和删除操作，只能创建新的区块加入区块链中。简单来说就是经过验证并添加到区块链中的数据信息会得到永久存储，无法修改。此外，区块链中每个节点都保存了一份完整的账本，任何尝试篡改单一节点的数据都会被其他节点的正确数据所否定，整个系统最终会以数量最多的账本为最终账本。

集体维护。区块链系统中参与共识并存储所有最长链数据的节点称为全节点，区块链的安全性是由这些全节点共同维护的。其他具有计算和存储资源的节点也可以参与，这样通过全节点来共同维护区块链账本的可靠性。

了解区块链的基本原理，要明确三个基本概念，一是交易（transaction），一次对账本的操作，导致账本状态的改变，如添加一条转账记录。二是区块（block），记录一段时间内发生的所有交易和状态结果，是对当前账本状态的一次共识。三是链（chain），由区块按照发生顺序串联而成，是整个账本状态变化的日志记录。

从本质上讲，区块链中的每次交易就是试图改变一次链的状态，每次共识生成的区块，就是参与者对于区块中交易导致状态改变结果的确认。区块链账本底层是一个线性链表，链表由多个区块一一串联组成，后边的区块记录了前边区块的哈希值，如果有新的交易数据加入，则必须放入一个新的区块中，而这些交易的合法性通过计算哈希值的方式快速验证，具体步骤如下：

准备阶段。在准备阶段，发送方会创建一个可被区块链中所有节点获得的交易，包括接收方的地址、交易信息及数字签名。

验证阶段。在验证阶段，交易被放入区块链网络后，链上的每一个节点都会接收到该交易的信息，并使用发送方的公钥验证数字签名。验证通过后，该条交易信息就会进入账本队列，直到链上所有节点成功验证该交易。

区块生成。在区块生成阶段，队列中的交易被放在一起，区块链网络中的一个节点会创建区块。

区块校验。区块校验阶段发生在区块生成成功之后，在对区块验证的过程中，大多数节点需要达成共识机制。此过程会通过工作量证明、权益证明、授权权益证明及拜占庭容错等共识算法来达成共识。

区块连接。在区块链中各节点成功达成共识、验证区块并将其连接到区块链中。

二、区块链安全风险

（一）技术层安全风险

区块链技术是加密算法、点对点传输、智能合约和共识机制等多种信息技术融合的产物。目前，各项技术发展并未完全成熟，使得区块链在加密算法、智能合约、共识机制等方面仍然存在多种安全风险。

加密算法安全风险。区块链采用大量的加密算法为系统安全性提供保障，例如，对交易身份的验证和不可抵赖性，可使用非对称加密的数字签名算法来保障。工作量证明等共识机制是由多种哈希算法来实现的。加密算法的安全性取决于数学难度及密钥所有者对私钥的保护。一旦加密算法被破解或者私钥丢失将产生严重后果，例如，2011 年，一名黑客利用当时流行的加密货币交易平台 Mt. Gox 的漏洞，破解了其加密算法，盗取了价值数百万美元的比特币。2023 年 11 月，加密货币交易平台 Poloniex 被黑客窃取了约 1.25 亿美元的资产，其中包括以太坊、TRX 代币和比特币，受攻击原因疑为私钥泄露。

智能合约安全风险。智能合约是由事件驱动的、具有状态的、运行在一个可复制的共享账本之上的计算机程序，当满足合约设定的条件时，智能合约就会自动执行。常见的智能合约安全风险有程序错误、重入攻击、逻辑错误、不正确的权限管理、预言机操纵等。智能合约一个非常重要的特点是一旦部署不可修改且执行后不可逆，因此，当存在漏洞的智能合约部署上链后，将导致不可估量的损失。例如，2023 年发生的 Euler Finance 闪电贷攻击事件，攻击者利用闪电贷和智能合约漏洞进行攻击，最终造成了大约 1.97 亿美元的损失。Hedera 主网智能合约服务代码遭攻击，造成了大约 57 万美元的损失。

共识机制安全风险。区块链共识机制是确保区块链账本一致性的关键技术，不同性质的链使用的共识机制有所不同，例如，比特币使用的是 PoW（工作量证明）共识机制，以太坊使用了 PoS（权益证明）共识机制，EOS 使用的是 PoS、DPoS（委托权益证明）共识机制，Fabric 使用的是 PBFT（实用拜占庭容错）共识机制，Corda 使用的是公正节点。常见的共识机制安全风险有"51%攻击"、拜占庭将军问题、共识机制本身漏洞、分叉和网络分裂及共识协议漏洞等。共识机制若被攻击，会产生巨大的经济风险。例如，2018 年 5 月，比特币黄金遭受了"51%攻击"，攻击者利用控制的算力对网络进行双花交易，成功实施了对交易所的攻击。攻击者向自己发送了超过 38 万个比特币黄金，如果所有资金被盗，攻击者将获利超过 1800 万美元。

（二）数据层安全风险

由于区块链不可篡改的特点，信息一旦上链将无法修改或删除，且其信息对任何人都是公开透明的。如果误操作导致敏感信息被写入区块链或者恶意信息被人为写入链上，将导致敏感信息泄露，恶意信息广泛传播，给国家发展带来巨大安全隐患。例如，曾有研究表明，比特币区块链中存储了大量的非法信息。

（三）应用层安全风险

区块链技术在各个领域广泛应用，加密货币是其最为成熟的应用领域之一。加密货币具有不可撤回、匿名等特点，因此常被用于一些恐怖融资、毒品买卖、枪支买卖等非法交易。给全球社会稳定埋下安全隐患。有研究表明，暗网中存在大量使用比特币进行数据、个人信息等非法交易，一年内可获利高达数万亿元。2023 年曾发生一起涉案金额达 4000 亿元的跨境网络赌博案件。在该案件中，涉案人员超过 5 万人，服务器架设在境外，参与赌博的人员在交易时使用的全部是虚拟货币。

第二节　全球经验及做法

一、欧盟启动欧洲区块链监管沙箱

为应对区块链安全风险，2023 年欧盟出台了以下重要的政策文件：

《加密资产市场法规》（Markets in Crypto-Assets，MiCA）法案。2023 年 4 月 20 日，欧洲议会通过了首个欧盟范围内的加密货币法规 MiCA，旨在规范虚拟货币市场，为加密货币建立监管框架，为参与者提供法律依据，同时，该法规将加密市场纳入受监管范围，保护消费者、投资者及市场诚信。依据 MiCA，加密资产服务商具有保护客户数字钱包安全的义务，若导致用户资产损失，需承担责任。且对于大型的资产服务商，需要将其能源消耗情况公开，以配合欧盟降低加密货币产业高额碳排放量的举措。

《2023—2024 年数字欧洲工作计划》。2023 年 3 月 24 日，欧盟委员会发布了《2023—2024 年数字欧洲工作计划》，欧盟计划投入 1.3 亿欧元用于创建人工智能实验及测试设施、提升云服务安全性及数据共享水平，进而提升区块链系统的安全性。

《欧盟反洗钱第五号指令》（AMLD 5）和《欧盟反洗钱第六号指令》（AMLD 6）两个指令是欧盟具有代表性的区块链反洗钱监管政策，旨在加强对虚拟货币兑换服务的监管，提高金融系统的安全性，防止洗钱和资助恐怖主义行为。

为应对区块链安全风险，欧盟于 2023 年主要采取了以下应对措施：一是启动欧洲区块链监管沙箱。欧盟委员会启动了一个监管沙箱，允许公司在受控环境中测试其区块链产品和服务。这有助于在早期阶段识别和解决安全风险，同时确保符合监管要求。二是强化网络安全措施。欧盟针对网络安全事件及风险，加强了安全操作中心的建设，并投资用于强化这些中心的功能。这些中心专注于交易监测、预测网络和数据事件并做出及时的响应，以减轻或防止潜在的区块链安全风险。三是推动标准和技术研究。欧盟支持对区块链技术的研究和开发，包括推动区块链技术的标准化。这有助于确保区块链系统的互操作性、安全性和可靠性。

二、美国监管与技术研发支持并重

2023 年美国出台了以下重要的政策文件：

《2023 年美国区块链部署法案》。2023 年 12 月 7 日，美国国会能源和商业委员会一致通过了《2023 年部署美国区块链法案》，旨在加强美国区块链技术的应用和部署，且提出建立“区块链部署计划”和政府咨询委员会，以支持区块链的采用。法案规定为提高美国包括区块链在内的分布式账本技术应用及部署方面的竞争力，商务部部长有权采取必要措施。美国商务部部长具有指定去中心化身份、网络安全、密钥存储、人工智能、减少欺诈、监管合规、电子商务、医疗保健应用和供应链弹性等多个方面美国政策的责任，以确保区块链环境的安全性。

《区块链监管确定性法案》。2023 年 8 月，美国众议院议员汤姆·埃默发起《区块链监管确定性法案》，旨在明确虚拟货币的法律地位，并将其定义为“数字资产”，提供了清晰的资产监管原则，规定不持有客户资产的区块链开发商不会被归类为州级法律规定的货币传输者，也不会被联邦法律分类为金融机构，因此无须注册获得许可。

《支付稳定币透明度法案》。2023 年 7 月，美国众议院金融服务委员会通过了《支付稳定币透明度法案》，旨在加强对支付稳定币的监管，以确保其透明性和安全性，识别和减少与稳定币相关的安全风险。该法案对支付稳定币的定义和范围、发行者要求、储备资产要求、责任划分及违规处罚等方面进行了规定。

为应对区块链安全风险，美国于 2023 年主要采取了以下应对措施：一是加强对区块链及虚拟货币的监管。美国通过了包括上述法案在内的一系列监管法案，以明确虚拟货币的法律地位并加强稳定币监管，这些法案为区块链技术及虚拟货币体系概念建立了清晰的监管框架，消除了监管的不确定性，促进了行业健康发展。二是加强执法监管。美国监管机构对加密货币交易所等施行了严格的监管和执法，例如，美国证券交易委员会对币安等加密货币交易所提出了刑事指控，并要求其支付巨额罚款和提供交易数据。此外，美国证券交易委员会还对加密货币交易所 Bittrex 提起诉讼，指控其未注册为证券商、交易所和清算机构，并在 2017—2022 年获得至少 13 亿美元的非法收入。这些行动展示了美国在打击区块链领域非法活动方面的决心，有助于维护市场的稳定和秩序。三是加强区块链技术研发支持。在技术研发方面，美国积极投入资源，推动区块链技术的创新和优化。美国联邦政府多个部门对区块链技术的研发给予了支持，涉及国家安全、能源、医疗、交通等多个领域，旨在提高区块链应用系统的安全性和可靠性。例如，美国国土安全部资助区块链安全性、隐私、互操作性和标准等方面的研发工作，美国国防部试验基于区块链的网络安全保护，美国能源部支持区块链在电力等领域基础设施安全的保护。

三、日本颁布稳定币法案

2023 年日本出台了以下重要的政策文件：

《Web3 白皮书：迈向人人都可以使用数字资产的时代》。2023 年 4 月，日本执政党的 Web3 项目团队发布了白皮书，将 Web3 视为国家战略。该白皮书是日本推广 "Cool Japan" 科技战略的一部分，主要目的是促进该国加密行业的发展，强调了为稳定币注册提供环境和建立自律组织的重要性，并提出了开发日元支持的稳定币的提案。此外，该白皮书中还指出对持有其他公司发行的代币的公司实行税收减免，允许企业进行自我评估的税收监管改革。

《资金决算法案修订案》。2023 年 6 月，日本通过了《资金决算法案修订案》，标志着日本成为世界上首个颁布稳定币法案的国家。该法案是日本为了应对数字货币和区块链技术发展而进行的法律修订，将稳定币定义为一种新的电子支付方式，并明确了其在法律框架中的地位。

为应对区块链安全风险，2023 年日本主要采取了以下应对措施：一是加强监管。为规范区块链发展，保障区块链及技术应用安全，日本正在建立一个更加完善和友好的监管框架，进而扩大区块链和加密货币领域，使越来越多的企业和投资者进入。日本金融厅公布了 2023 行政年度的金融政策方针，指出将推进建立支持稳定币发行和流通的注册审查制度，并鼓励成立自律组织。二是推动区块链安全技术研究与应用。日本政府投入资源支持区块链技术的研究和应用，设立专项基金，支持区块链技术的创新和实际应用的研究。三是积极推动国际合作，在区块链技术的标准制定和监管框架建设方面与其他国家进行交流和合作。

第三节　问题和挑战

一、区块链安全法律规制滞后

区块链技术处在相对独立于现实世界的数字世界应用中，因此现有法律规制在区块链应用环境中可能不再适用。虽然中国颁布了《区块链信息服务管理规定》《信息安全技术 区块链信息服务安全规范》《关于加快推动区块链技术应用和产业发展的指导意见》《关于进一步防范和处置虚拟货币交易炒作风险的通知》等政策法规，但是仍未能完全覆盖区块链技术的新特性和新风险，再加上区块链及其应用正处于高速演进和发展进程中，立法固有的滞后性使得目前的法规体系缺乏针对性和全面性。

二、区块链安全监管问题有待加强

区块链的安全发展离不开监管，由于区块链技术的新特性，传统的监管手段已无法发挥作用。在技术监管方面，由于区块链技术具有去中心化、不可篡改、匿名性等特点，因此对其进行有效监管变得困难。例如，区块链不可篡改的特性，使得数据一旦上链就无法修改，恶意信息或敏感信息的误操作无法修改，容易造成敏感、非法信息的传播和滥用。在应用监管方面，随着区块链技术的快速发展及推广，作为应用最广泛的数字资产领域频繁出现各种问题，例如，洗钱、诈骗、非法交易等犯罪行为频发，这些问题不仅对个人财产安全构成威胁，对社会秩序和经济稳定也造成了影响。因此，亟待加强对区块链及其应用的监管，借鉴全球各国监管经验，完善中国区块链监管政策与手段。

第十四章

量子安全

第一节　概念内涵

一、量子安全

在信息安全领域，量子计算对密码系统形成的现实威胁非常直接与明显。量子计算被证明能指数级或多项式量级加速某些在原来使用经典计算方法时非常困难问题的求解。其中，著名的 Shor 量子算法可以在多项式时间内解决大整数分解和离散对数求解等复杂数学问题，因此可以对广泛使用的 RSA、ECC、DSA、ElGamal 等公钥密码算法进行比经典计算更快速高效的破解。量子安全概念来源于量子科技发展引发的信息安全攻防双方的新矛盾、新博弈和新时代信息安全新需求。利用单量子不可分割、量子态不可克隆、量子纠缠等量子特性的量子加密技术与基于新型数学难题的后量子密码一起被视为未来量子计算机时代信息安全的新保障，并因此催生了一个新的概念——量子安全（Quantum Safe）。2015 年，欧洲电信标准化协会发布的白皮书中首次正式提出量子安全概念。在量子计算和通信时代中，量子安全针对的是来自量子计算机对密码系统可能的攻击和挑战，其核心内涵为确保信息系统免受量子计算和量子攻击的威胁的一种安全机制。

现阶段，后量子密码已成为全球公认的应对量子计算攻击、维护量子安全最具优势的技术手段，后量子密码学主要包括三大核心技术。一是量子随机数生成。在传统的随机数生成算法中，随机数是通过伪随机数生成器得到的，而伪随机数生成器容易被攻击者破解。在量子随机数生成算法中，随机数是通过量子态的不确定性来得到的，因此具有真正的随机性，更加安全可靠。二是量子密钥分发（Quantum Key Distribution，QKD）。在传统的密钥分发算法中，密钥是通过公开信道传输的，因此容易被攻击者窃取。而在量子密钥分发算法中，密钥是通过量子态的传输来实现的，因此具有不可破解性。QKD 的功能是实现对称密钥的协商，需要与应用对称密码的算法结合以实现加解密功能。QKD 结合"一次一密"可实现信息加密的信息论安全性。三是量子加密算法，主要包括基于哈希的密码、格密码、基于编码理论的密码、多变量密码、超奇异椭圆曲线以及大部分对称密钥密码。在传统的加密算法中，加密和解密是通过数学运算来实现的，而量子计算机可以很容易地解决这些数学问题。在量子加密算法中，加密和解密是通过量子态的操作来实现的，因此具有不可破解性。

量子安全技术在多个领域有着重要的应用，包括保密性通信、验证身份和防伪、量子密码学研究以及构建更安全的通信网络等。利用 QKD 或 PQC 等技术，量子安全可以保护通信的保密性、完整性和可用性，确保在量子计算和通信时代中信息的安全。现代密码学内涵丰富、涉及的软硬件模块与系统众多，量子信息科技本身也处于蓬勃发展当中，而后量子密码算法本身又包含多种不同的原理和类型，面对技术、产业及政策等方面的复杂因素，需要从密码技术发展的攻防对抗特性和国家安全战略的前瞻性上规划量子安全建设方式，将实现量子安全这一整体必达目标分解细化为一系列具体小目标和可行的实现路径和路线图。

二、量子安全特性

动态性。 由于量子计算、量子攻击本身属于发展中的新生事物，这就决定了量子安全具有"发展中的动态性"，这是由量子安全这门新学科的发展特性，以及信息安全学科的对抗特性所决定的。基于此，如果某种密码算法或协议在经过充分研究后可以抵御所有已知的量子算法攻击，同时在没有证据表明它易受量子攻击前，就可以认为它是量子安全的。当然，在经过深入研究后，目前被认为是量子安全的算法在未来不再安全的可能性依然存在，这种不安全可能来自新的量子破译算法，也可能来自新的经典密码分析技术。

紧迫性。 无论是美国国家安全局的政策发布，还是学界的论文阐述，无不提到一个关键词——迁移，尤其对于重要机关、行业和企业，需要立刻着手去研究和筹划从公钥密码系统到量子安全的密码系统的迁移。能攻破当前公钥密码算法的量子计算机出现的时间仍然是未知的。美国兰德公司 2020 年的报告中预测，平均情况下量子计算机将在 2033 年出现。从现代密码算法理论技术发展成熟到最终的标准化，人们花费了近 20 年才构造出一套完整的公钥密码系统基础设施。即使新型密码算法的理论技术已经发展成熟，但将现在广泛应用的密码系统逐步转化为能够抵抗量子计算机攻击的新型密码系统也需要大量时间，更何况现在能够抵抗量子计算机攻击的新型密码算法的理论技术还未发展成熟。业界普遍认为，后量子迁移将耗费 10 年以上，复杂 PKI 系统迁移时间或在 15 年以上。因此，不管量子时代何时到来，尽快采取行动设计新型密码方案，保障量子计算机信息与通信系统的安全都十分必要。

复杂性。现阶段，量子安全在国家利益博弈中扮演着越来越重要的角色。量子安全的竞争是未见硝烟却可决胜千里的战争。从理论方面证明可保障量子环境下通信安全的新型密码方案后量子密码为例，这类密码算法的安全性同样依赖计算复杂度，不同的是它基于的是新的复杂问题。虽然现在量子计算破解一些后量子密码比较困难，但随着量子计算机的快速发展，二者之间可能会形成"道高一尺魔高一丈"的局面。基于此，量子技术的安全性分析仍然是一个复杂问题。一方面，后量子密码算法设计往往需要对它依据的原始计算困难问题进行改动，可能会使算法的安全性并不等价于数学上的困难问题，其安全性分析也会随之变得更加复杂；另一方面，现有的安全机制是针对已知的一部分类型的量子攻击而设计的，对于新的量子攻击或者经典攻击可能并不免疫。

第二节　全球经验及做法

一、美国聚焦政策出台与标准制定，抢占量子安全高地

美国后量子密码专项研究最早由美国国家标准与技术研究所（以下简称 NIST）于 2012 年启动。美国国家安全局早在 2015 年就发布了向后量子密码转型的过渡计划，标志着美国国家战略层面对后量子密码技术顶层规划与设计的正式开启。2016 年，NIST 面向全球公开了后量子密码标准化路线图，主要聚焦于加密、密钥交换和数字签名等后量子密码算法等领域。近两年，美国对量子网络安全的高度重视体现为后量子密码技术积极发展的成效不断彰显。自 2022 年以来，时任美国总统拜登签署了两份涉及后量子密码标准及技术研究的国家安全备忘录，旨在促进联邦政府信息技术系统向后量子密码算法过渡及迁移。2022 年 7 月，NIST 公布了首批经过初筛的 4 个后量

子密码标准算法，其中包括 1 个公钥加密和 3 个数字签名算法。2022 年 12月，时任美国总统拜登签署《量子计算网络安全防范法案》，为后量子密码技术奠定法律基础。2023 年 8 月，美国发布了《量子准备：向后量子密码迁移》指南，要求各组织成立专门的项目管理团队，梳理并形成易受量子攻击的系统和资产清单，摸清当前使用的加密技术，并重视供应链安全，加强与包括云服务商在内的技术供应商的合作等。同时，NIST 正式公布三种后量子密码算法标准。密集出台的政策措施凸显了美国联邦政府、关键基础设施部门、运营商等全部经济社会领域和运行环节向后量子密码体系升级迁移的必要性和紧迫性。通过发挥政策对后量子密码技术研究的前瞻性引导作用，美联邦政府在防御量子计算时代网络攻击和数据泄露、维持美国在量子信息科技领域的领先地位上不断发力，旨在夺得标准主导权并在商业化实现中抢占先机，持续维持领先地位。

二、欧盟通过战略布局和深化研究，形成量子安全发展合力

致力于成为量子技术领域关键参与者，欧盟早在 2008 年就认识到了量子技术发展的巨大潜力，并将量子计算赛道作为欧盟优先发展领域，积极参与全球量子计算产业布局与技术研发。欧盟在量子计算、量子通信方面着眼于凭借精准谋划和深刻布局实现后量子密码技术的纵深发展。2013 年，欧洲电信标准化协会召开量子安全会议，提出"共同打造未来的量子安全技术体系"的战略目标，并积极推动后量子密码发展。自 2016 年起，欧盟凝聚产业界和学术界资源，积极参与 NIST 后量子密码算法征集活动，并做出重大贡献，已经成为 NIST 后量子密码候选算法的最大来源地区。2018 年，以研究国际前沿热点和竞争性科技难题为宗旨的欧盟"地平线 2020"科研规划重点资助了后量子加密技术，支持的研发项目经费总额预算近 400 万欧元。2020年，欧盟数据保护委员会提出将量子密码迁移计划中的数据安全作为优先考虑和保障事项。2022 年，欧盟网络安全局发布的报告《后量子密码：预测威胁和准备未来》强调通过设计新加密协议来满足后量子密码技术集成需求。2023 年 3 月，欧盟出台全球首个《量子技术标准化路线图》，该路线图具有明确的产业需求导向性，要求标准化研究围绕产业需求推动并保持与产业界的密切互动。2024 年 4 月，欧盟委员会发布了《关于向后量子密码学过渡的协调实施路线图的建议》，呼吁各成员国在向后量子密码学过渡迁移时制定相同战略、采取统一方法并同步迁移进度，使系统和服务能够跨境无缝衔接。

同时，欧盟着力加强后量子密码学术支撑，鼓励顶尖高校及科研机构关注量子计算，努力满足面向未来的后量子密码领域人才需求。从全球后量子密码领域研究论文的发文及引用情况看，德国、荷兰、比利时等欧盟国家发文数量及引用量均处于较高水平。

三、英国侧重技术积累和项目合作，构筑量子安全屏障

2023 年 3 月，英国政府发布了一项新的国家量子战略，详细介绍了引领量子经济的"10 年计划"，充分强调量子技术对英国安全的重要性。该战略概述了英国将与相关全球机构合作，确保其全球量子技术标准繁荣并保障其安全利益，包括加速量子技术的商业化以及支持英国本地的相关企业。英国还将与主要合作伙伴合作，确定协调国家参与量子技术标准制定优先领域的最佳方法。相关行业和学术界将参与这些工作，以跟踪优先标准活动，提高利益相关者的意识并制定路线图，以支持英国参与量子标准的开发。该战略表示，全球正在进行一些早期的量子标准化活动，重点关注量子安全加密和量子密钥分发，英国需要在相关领域处于领先地位。11 月，英国国家网络安全中心发布了包含来源、功能和规格的后量子密码算法推荐列表，要求组织制定临时过渡措施，在一定时期内实现后量子密码和传统密码的兼容并采取分阶段的方式逐步完成迁移。

第三节　问题和挑战

一、全球量子安全生态有待完善

一是后量子密码算法筛选机制亟待优化。针对后量子密码算法性能的改进仍在持续进行，并主要从优化参数设计、性能深度分析、研究新型算法等方面开展。目前，后量子密码算法的时间和空间复杂度较高，技术路线成熟度和运行效率亟待提升，需建立合理机制，有效防止存在安全风险的算法标准化。二是后量子密码算法标准研制速度有待提升。NIST 自 2016 年起开展了面向全球的后量子公钥算法标准征集工作，截至目前公布了三份标准，但尚未实现真正意义上的落地实施和广泛推行。据测算，开发和部署新的后量子算法标准大约需要 20 年时间。基于此，应迅速部署并积极落实后量子密码的标准研制工作，争取在商业规模量子计算部署之前完成。三是后量子密码产业生态仍需培育。在后量子密码应用场景中，政府、企业、市场仍面临

角色定位不清晰、职责未明确、协作机制待完善等问题。

二、量子安全技术落地应用仍存在障碍

与量子技术的成绩斐然和成果丰硕截然不同，中国后量子密码技术的理论聚焦与实践探索目前仍略显滞后，同时缺乏全面综合的量子安全发展统筹协调机制。一是研发力量亟待凝聚。作为量子信息科技进步的重要依托和后量子密码领域实现后发制人的关键动能，人才仍是后量子密码算法研制和标准化推行过程中的关键瓶颈。二是体系建设有待加强。现阶段中国量子安全技术发展尚未拥有国家层面的体系架构、实施策略和路径方针指导，顶层设计不明晰，初创公司和安全行业公司研发实力尚未被充分激活。三是算法替换难度大。加密算法的替换通常需要经过更改或替换加密库、实现验证工具、部署提高算法性能的硬件等流程。公钥密码学已经集成到现有的计算机和通信硬件、操作系统、应用程序、通信协议、密钥基础设施和访问控制机制中，但大量系统并未建立密码应用的清单或台账，后量子密码算法对公钥系统替换的相关问题仍待解决。

三、抗量子计算密码算法安全性风险逐渐凸显

抗量子计算密码的设计初衷是帮助系统抵御量子计算机攻击，但任何密码算法的安全性都是相对的，针对后量子密码算法的攻击会持续存在。一方面，随着技术的进步，未来攻击者可能会采取新的方法展开对密码防护体系的攻击；另一方面，后量子密码算法在实际使用和管理中可能存在缺陷，或者存在参数选择失误问题，会暴露潜在的安全漏洞。以 2022 年 NIST 后量子密码竞赛中第四轮候选算法 SIKE 为例，该算法曾在短短一个月内分别被比利时和英国研究团队采用不同方法破解两次。以色列军方曾发布一份技术报告，该报告基于对经典算法的改进成功地实现了对格密码中 LWE 算法的攻击，受影响的算法包括 PQC 标准筛选过程入选算法中的 3 个。同样，被 NIST 提名为标准化算法的 Kyber 密钥封装机制在 2023 年被发现存在两处可能直接引发攻击者开展侧信道攻击并获取加密密钥的安全漏洞。以上事件表明抗量子计算密码理论安全与实际应用安全之间存在差距，也凸显了在算法设计过程中针对抗量子计算密码自身安全性进行充分考量的必要性。此外，抗量子计算密码迁移涉及密码算法、协议、硬件设备和网络基础设施等多个方面，迁移过程的安全性同样不容忽视。

行业篇

第十五章

信息安全产品及服务

随着全球经济社会数字化进程加快，信息安全威胁和风险加速向政治、经济、文化、社会、生态等领域传导渗透，对国家安全的战略性和全局性影响日益凸显。随着数字技术与政治、经济、文化和社会生活的深入融合，信息安全成为维护国家安全、经济发展和社会稳定的重要组成部分。信息安全是数字中国建设的重要基础，是数字经济安全的重要内容，是新安全格局的关键组成部分，也是新发展格局不可或缺的重要保障。2023 年，中国信息安全产品和服务收入稳步增长，总收入达 2232 亿元，同比增长 12.4%。信息安全领域的法律规范体系日益完善，部分上市企业营收和利润情况较上一年得到显著改善，人工智能领域的安全产品与服务成为信息安全企业加码的重点，信息安全领域的投融资热度较上一年有所下降。

第一节　概念内涵

一、信息安全

信息安全是指对信息、信息系统以及依托其开展的业务进行保护，使得相关软件、硬件、数据等不会由于偶然的或者恶意的因素而遭到未经授权的访问、泄露、破坏、修改、审阅、检查、记录或销毁，保证信息系统连续可靠地正常运行。信息安全具有保密性、完整性、可用性等重要属性。其中，保密性是指确保信息仅被授权人员访问，防止未授权的披露，通常涉及访问控制、加密和其他安全措施。保密性是信息安全的基本要求，特别是在涉及个人隐私、商业秘密和国家机密的领域。完整性是指确保信息在存储、传输和处理过程中不被未授权修改、破坏或篡改。可用性是指确保授权人员在需要时能够及时、可靠地访问信息，以确保信息在可用的情况下发挥其价值。

二、信息安全产品

信息安全产品是指专门用于保障信息安全的软件、硬件或其组合体。这些产品可以帮助组织防范内部和外部的安全威胁，确保信息的保密性、完整性和可用性。根据现行的国家标准《信息安全技术 信息安全产品类别与代码》，信息安全产品共分为六个类别：物理环境安全类、通信网络安全类、区域边界安全类、计算环境安全类、安全管理支持类和其他类。具体类别信息如表 15-1 所示。

表 15-1　信息安全产品类别

类　　别	类　别　说　明
物理环境安全类	用以保护环境、设备、设施及介质免遭物理破坏（如地震、火灾等自然灾害及物理上的窃取、毁损等人为破坏）的信息安全产品
通信网络安全类	部署在网络中或通信终端上，用于监测、保护网络通信，保障网络通信的保密性、完整性和可用性的信息安全产品
区域边界安全类	部署在安全域边界上，用于防御安全域外部对内部网络/设备进行攻击、渗透或安全域内部网络/设备向外部泄露敏感信息的信息安全产品
计算环境安全类	部署在设备及其计算环境中，保护用户设备、计算或网络数据的完整性、保密性和可用性，或保障应用安全的信息安全产品
安全管理支持类	为保障网络正常运行提供安全管理与支持，以及降低运行过程中安全风险的信息安全产品
其他类	不能归入上述五类的信息安全产品暂归为其他类

中国网络安全审查认证和市场监管大数据中心数据显示，目前，中国开展国家信息安全产品认证的产品有 13 种，如表 15-2 所示。

表 15-2　中国开展国家信息安全产品认证的产品清单

产　品　名　称	产　品　说　明
防火墙	一个或一组在不同安全策略的网络或安全域之间实施网络访问控制的系统
网络安全隔离卡与安全隔离线路选择器	网络安全隔离卡是指安装在计算机内部，能够使连接该计算机的多个独立的网络之间仍然保持物理隔离的设备。安全隔离线路选择器是与配套的安全隔离卡一起使用的，适用于单网布线环境下，使同一计算机能够访问多个独立的网络，并且各网络仍然保持物理隔离的设备

续表

产 品 名 称	产 品 说 明
安全隔离与信息交换产品	能够保证不同网络之间在网络协议终止的基础上，通过安全通道在实现网络隔离的同时进行安全数据交换的软硬件组合
安全路由器	为保障所传输数据的完整性、机密性、可用性，应用于重要信息系统的，具备密钥协商能力、端口 IPSec 硬件线速加密能力的路由器
智能卡	在智能卡芯片中存储和运行的，以保护存储在非易失性存储器中的应用数据或程序的机密性和完整性、控制智能卡芯片与外界信息交换为目的的嵌入式软件
数据备份与恢复产品	实现和管理信息系统数据的备份和恢复过程的软件或软硬件组合
安全操作系统	在系统设计、实现、使用和管理等各个阶段都遵循一套完整的系统安全策略，并实现 GB 17859—1999 《计算机信息系统安全保护等级划分准则》所确定的安全等级三级（含）以上的操作系统
安全数据库系统	在系统设计、实现、使用和管理等各个阶段都遵循一套完整的系统安全策略，并实现 GB 17859—1999 《计算机信息系统安全保护等级划分准则》所确定的安全等级三级（含）以上的数据库系统
反垃圾邮件产品	对按照电子邮件标准协议实现的电子邮件系统中传递的垃圾邮件进行识别、过滤的软件或软硬件组合
入侵检测系统	通过对计算机网络或计算机系统中的若干关键点信息进行收集并分析，发现违反安全策略的行为和被攻击迹象的软件或软硬件组合
网络脆弱性扫描产品	利用扫描手段检测目标网络系统中可能被入侵者利用的脆弱性的软件或软硬件组合
安全审计产品	对信息系统的各种事件及行为实行监测、信息采集、分析并采取相应比较动作的软件或软硬件组合
网站恢复产品	对受保护的静态网页文件、动态脚本文件及目录的未授权更改及时进行自动恢复的软件或软硬件组合

三、信息安全服务

信息安全服务是指面向组织或个人的各类信息安全需求，由服务提供方按照服务协议所执行的一个信息安全过程或任务。根据现行的国家标准《信息安全技术 信息安全服务类别与代码》，信息安全服务共分为七个类别：信息安全咨询服务、信息安全设计与开发服务、信息安全集成服务、信息安全运营服务、信息的安全处理和存储服务、信息安全测评与认证服务和其他信息安全服务。具体类别信息如表 15-3 所示。

表 15-3　信息安全服务类别

一 级 分 类	二 级 分 类
信息安全咨询服务	信息安全规划咨询
	信息安全设计咨询
	信息安全管理体系咨询
	信息安全工程监理
	信息安全测试评估
	信息安全培训
	其他信息安全咨询服务
信息安全设计与开发服务	信息安全系统设计
	信息安全开发
	其他信息安全设计与开发服务
信息安全集成服务	信息安全硬件集成
	信息安全软件集成
	其他信息安全集成服务
信息安全运营服务	信息安全监测
	信息安全检查
	威胁信息共享
	信息安全分析
	信息安全报送
	恶意代码防范和处理
	信息安全应急响应
	信息安全演练
	信息安全调查取证
	信息安全加固
	信息安全运维规范管理
	信息安全审计
	身份管理
	备份和恢复
	其他信息安全运营服务
信息的安全处理和存储服务	数据安全保护
	信息安全租赁

续表

一 级 分 类	二 级 分 类
信息的安全处理和存储服务	网络信息内容审核
	其他信息的安全处理和存储服务
信息安全测评与认证服务	信息安全测评
	信息安全认证
	其他信息安全测评与认证服务
其他信息安全服务	不属于以上服务分类的其他信息安全服务

第二节　市场格局

一、产业链分析

信息安全产业链主要由信息安全软件提供商、信息安全硬件提供商、信息安全服务提供商、上下游相关企业和用户组成。其中，产业链上游为开发工具提供商、基础软件提供商、基础硬件提供商和元器件提供商。产业链中游为信息安全硬件提供商、信息安全软件提供商和信息安全服务提供商。产业链下游为信息安全集成商和最终用户。信息安全产业链如图 15-1 所示。

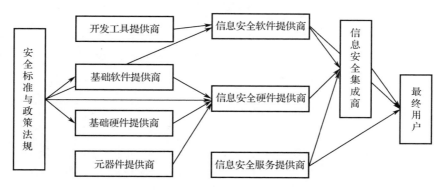

图 15-1　信息安全产业链

（资料来源：赛迪智库整理，2024 年 5 月）

二、市场规模

当前，全球新一轮科技革命和产业变革深入推进，传统产业数字化、网络化、智能化转型加速，信息安全产品与服务需求迎来高速增长。根据工业和信息化部数据，2023 年，中国信息安全产品和服务收入稳步增长，总收入达 2232 亿元，同比增长 12.4%，增速同比提高 2.0 个百分点。

三、细分领域

IDC 数据显示，2023 年中国信息安全硬件产品的市场规模为 225 亿元，同比减少 0.9%，市场仍呈现较为低迷的态势。IDC 预测，到 2027 年，中国网络安全硬件市场规模将达到 364 亿元。其中，启明星辰、深信服、新华三、华为和天融信以产品技术和市场销售等多方面优势，在 2023 年激烈的市场竞争中占据了主导地位。2023 年中国信息安全硬件产品厂商市场份额如图 15-2 所示。

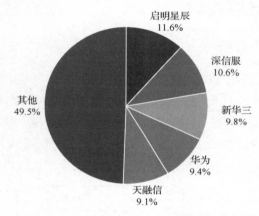

图 15-2　2023 年中国信息安全硬件产品厂商市场份额
（资料来源：IDC，赛迪智库整理，2024 年 5 月）

中国网络安全产业联盟数据显示，2023 年，中国信息安全产业服务化发展趋势更加凸显。2023 年上半年，服务型企业数量同比增长 32.5%，成为信息安全市场扩容的主要力量。行业领军企业正在向"产品+服务"综合解决方案提供商转变，用户企业越发看重信息安全服务的有效性、持续性和体系化，信息安全运营、安全审计和合规性服务、云密码服务等信息安全服务的重要性更加凸显。

第三节　产业链进展

一、产业政策日益优化

近年来，《中华人民共和国网络安全法》《中华人民共和国数据安全法》

《中华人民共和国个人信息保护法》陆续出台，在信息安全领域形成较为完善的法律规范体系。数据安全方面，2023 年，中国针对数据安全领域出台了一系列重要的政策法规，旨在加强对网络空间的保护和规范数据的合理利用。1 月，工业和信息化部等十六部门发布《工业和信息化部等十六部门关于促进数据安全产业发展的指导意见》，推动数据安全产业高质量发展，提高各行业各领域数据安全保障能力，加速数据要素市场培育和价值释放，夯实数字中国建设和数字经济发展基础。2 月，国家网信办发布《个人信息出境标准合同办法》，明确通过订立标准合同的方式开展个人信息出境活动，应当坚持自主缔约与备案管理相结合、保护权益与防范风险相结合，保障个人信息跨境安全、自由流动。10 月，国家数据局正式挂牌，主要职责是负责协调推进数据基础制度建设，统筹数据资源整合共享和开发利用，统筹推进数字中国、数字经济、数字社会规划和建设等。安全服务方面，2023 年 3 月，国家市场监督管理总局、中央网信办、工业和信息化部、公安部发布《关于开展网络安全服务认证工作的实施意见》，推进网络安全服务认证体系建设，提升网络安全服务机构能力水平和服务质量。7 月，工业和信息化部、国家金融监督管理总局联合印发《工业和信息化部 国家金融监督管理总局关于促进网络安全保险规范健康发展的意见》，加快推动网络安全产业和金融服务融合创新，引导网络安全保险健康有序发展，培育网络安全保险新业态，促进企业加强网络安全风险管理，推动网络安全产业高质量发展。12 月，工业和信息化部办公厅发布《关于组织开展网络安全保险服务试点工作的通知》，加快推进网络安全保险新模式落地应用，组织开展网络安全保险服务试点工作。

二、部分网络安全上市企业营收和利润出现反弹

2023 年，信息安全市场需求恢复较为缓慢，行业竞争越发激烈。在此大环境下，部分企业通过精益管理等改善企业经营现状，企业营收、净利润、净现金流等情况显著改善。根据中国网络安全上市企业的 2023 年度财务报表数据，奇安信、启明星辰、深信服、天融信等 24 家上市网络安全企业中，奇安信、启明星辰和深信服三家企业的全年营业总收入位居前三位，分别为 64.42 亿元、45.07 亿元和 38.92 亿元。24 家企业中，有 11 家企业全年营业总收入同比上涨，平均增长幅度为 16.20%。其中，中孚信息的全年营业总收入增长幅度最大，达到了 42.59%，北信源、盛邦安全、安博通和永信至诚的

全年营业总收入涨幅也相对较大，分别为 25.76%、23.17%、20.12% 和 19.72%。在 13 家营收亏损的企业中，绿盟科技、格尔软件和飞天诚信降幅相对明显，全年营业总收入分别同比下降 36.06%、14.89% 和 14.88%。归母净利润和毛利润方面，24 家企业中，有 9 家企业实现了归母净利润、毛利润同比上涨。其中，格尔软件聚焦密码业务，优化收入结构，以 524.28% 的增长率成为 2023 年同比增长幅度最大的企业；安博通围绕安全网关、安全管理和安全服务三大品类持续丰富产品矩阵，策略可视化产品、流量类产品以及数据安全产品市场需求强劲，安全管理和安全服务收入实现快速增长，实现了净利润与毛利润的显著反弹，其归母净利润实现了较大幅度的提升，同比增长了 239.25%，毛利润也增长了 11.53%；北信源的归母净利润和毛利润增长幅度也较大，分别为 103.52% 和 31.02%。在 15 家归母净利润亏损扩大的企业中，绿盟科技出现 3516.62% 的大幅下降，亚信安全、吉大正元、天融信和国投智能的归母净利润下降幅度也较大，分别同比下降 395.56%、366.05%、281.09% 和 239.06%，下降的主要原因为报告期内，公司部分项目的进度不及预期、部分重点行业客户预算减少、行业竞争激烈、部分在手订单确认延缓等。

三、人工智能领域安全产品服务不断涌现

2023 年，全球科技创新空前密集活跃，信息安全产业涌现诸多发展热点，生成式人工智能、人工智能对抗攻防等领域的安全产品与服务成为信息安全企业加码的重点。国外方面，2023 年 3 月 28 日，微软公司发布了其下一代人工智能产品 Microsoft Security Copilot，该产品的核心技术将 OpenAI 的 GPT-4 生成式人工智能与微软的安全专用模型融为一体。Microsoft Security Copilot 充分利用微软每天收集的 65 万亿个信号数据和先进的安全专业知识，为安全工程师提供强大的威胁追踪和分析工具。国内方面，奇安信将人工智能技术运用到安全产品开发、威胁检测、漏洞挖掘、安全运营及自动化、终端安全、云安全、数据安全、攻防对抗等全线产品中。2023 年 8 月 25 日，奇安信推出 Q-GPT（奇安信大模型）安全机器人和大模型卫士。其中，Q-GPT 安全机器人是基于奇安信大模型的虚拟安全专家，能够有效解决当前政企机构在网络安全防护方面普遍面临的告警疲劳、专家稀缺、效率瓶颈等问题，大模型卫士则集安全风险发现、大模型访问控制、数据泄露管控、违法违规行为溯源、大模型应用分析等于一体，能够帮助用户正确使用大模型产品协助工作。

四、信息安全投融资热度下降

公开资料的不完全统计，2023 年共有 70 多家安全企业完成了融资，与上一年相比，融资笔数锐减超 30%，融资金额下降约 50%。从细分领域看，2023 年的融资事件涉及数据安全、工控安全、密码安全、软件供应链安全、车联网安全、物联网安全、隐私计算、安全运营、网络攻防、攻击面管理、漏洞管理、云安全、日志管理等 30 多个细分领域。其中，随着数据安全相关法律规范制度的日益完善和执法案例的不断涌现，数据安全及其相关领域依旧保持较高热度，共 17 起融资事件；工控安全也保持着较高关注度，共 9 起融资事件；新版《商用密码管理条例》的生效，使密码、隐私计算等领域更受资本青睐，共 6 起融资事件；此外，车联网、物联网、人工智能安全，攻防对抗和演练等领域也具有较高的融资热度。从融资金额看，千万元级规模的融资共有 42 起，亿元级 17 起。其中，英方软件的 8.098 亿元融资、开源中国的 7.75 亿元融资、安全狗的 3.917 亿元融资、上海观安信息的 3 亿元融资、烽台科技的 3.7 亿元融资和银基科技的 2 亿元融资是行业全年的融资焦点。

第十六章

网络可信身份服务

实施网络可信身份战略，是《中华人民共和国网络安全法》对保障国家网络安全提出的重要战略部署，对于构建中国网络空间秩序，推动中国网络快速发展具有十分重要的意义。得益于国家政策的支持，2023 年中国网络可信身份服务行业呈现持续发展态势，规模持续增加、结构更趋合理。展望未来，网络可信身份服务行业正向着多维度认证、身份互联互通和"全流程"服务模式的方向快速发展。

第一节　概念内涵

一、网络身份

身份是指社会交往中识别个体成员差异的标识或称谓，它是维护社会秩序的基石。随着互联网的快速发展，人与人之间的沟通交流、交易的达成、公共事务的办理等更多在网络空间中实现，因此出现了网络身份的概念。网络空间中参与各类网络活动的自然人和法人，以及网络中的设备，都具有实体身份，网络身份则是实体身份在网络空间中的映射。例如，在线通信的双方、发布社交网络信息的个体、电子商务的买家和卖家等均具有网络身份，并以该身份对自身进行标识，开展相关网络活动。一个自然人和法人在参与不同网络活动的过程中可以具备不同的网络身份。

二、网络可信身份

并非所有的网络身份都是可信的，网络身份的可信一般指两种情况：一是网络身份由现实社会的法定身份映射而来，可被认证及追溯；二是网络身份由其网络行为或商业信誉担保，可被认证符合特定场景对身份信任度的要求。由网络主体身份衍生出的身份凭证，称为网络可信身份标识。对网络主体的身份标识进行检验，确认网络主体的身份可信的过程，称为网络可信身份认证，认证的手段有很多，从动静态口令到智能卡，再到生物特征识别、用户行为分析等，网络应用场景对安全性的要求越高，采用的认证手段安全强度也越高。

网络可信身份具有如下主要特征：一是真实身份的可追溯性，自然人身份用身份证标识、企业和机构身份用组织机构代码（工商代码）标识，都是可以追溯的。二是身份标识的非唯一性，一个主体可以使用多种属性来标识，因此网络身份的标识不是唯一的。三是认证因子的多样性，如用户口令、软硬令牌动态口令、数字证书、生物特征等。

三、网络可信身份服务

网络可信身份服务是指网络可信身份的标识创建、认证和管理等。网络可信身份服务行业由网络可信身份服务商及其上游基础技术和产品提供商、下游依赖方（应用机构）、第三方中介服务机构等组成。网络可信身份服务行业外部环境包括网络可信身份服务相关法律法规、标准等。

目前，网络可信身份认证存在不同的方式和技术，以适应不同应用场景的需求：

一是账号+口令认证，是一种静态密码机制，用户的账号和口令可以由用户自己设定。

二是短信验证码认证，以手机短信形式请求包括4～6位随机数的动态验证码，身份认证系统以短信形式将随机验证码发送到用户的手机上，用户在登录或者交易认证的时候输入此动态验证码，从而确保系统身份认证的安全性。

三是动态口令认证，是用户手持的用来生成动态口令的终端，每隔一段时间（如60秒）变换一次动态口令。用户进行身份认证的时候，除输入账号和静态密码外，还必须输入动态口令，只有二者全部通过系统校验，才可以正常登录。

四是基于PKI技术的数字证书认证，数字证书是包含电子签名人的公钥数据和身份信息的数据电文或其他电子文件，通过公钥与私钥的一一对应关系，从而建立起电子签名人与私钥之间的联系，可以使互不相识的网络主体证明各自签名的真实性，是双方建立信任的基础。

五是eID（电子身份标识）认证，以密码技术为基础、以智能安全芯片为载体，通过"公安部公民网络身份识别系统"签发给公民的网络可信电子

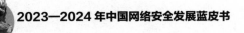

身份标识来实现在线远程识别身份和网络身份管理。

六是二代身份证网上副本认证，依托于公安部的全国人口信息库和居民办理第二代身份证时留下来的信息，将身份证登记项目（姓名、身份证号码、有效期限等）作为要素进行数字映射，并赋予唯一编号，生成一个终身编号的身份证网上副本。

七是人体生物特征识别认证，生物特征是指人体固有的生理特征或行为特征，生理特征有指纹、人脸、虹膜、指静脉等，行为特征有声纹、步态、签名、按键力度等。基于生物特征的身份认证是一种可信度高而又难以伪造的认证方式，是基于"你具有什么特征"的身份认证手段，在应用场景上，人体生物特征识别往往与 FIDO 技术结合使用。但仍然需要注意的是，人工智能技术的发展给基于生物特征识别的认证技术带来严峻挑战，如深度伪造技术已经能够实现"换脸"，或拟合出类似真人的声纹，已出现伪造声纹进行身份诈骗的例子。

八是基于大数据用户行为分析的身份认证，利用大数据的风险识别可以对用户行为进行有效分析，从而对用户进行精准的分类分层，可实时判断每个用户的认证动机，对不同风险等级的用户采取不同的认证方式，尤其是识别出利用系统漏洞恶意入侵的黑客等，对于维护网络和信息安全尤为重要。

九是第三方互联网账号授权登录认证，该认证方式使用户在登录当前网站或 App 时无须注册，使用第三方互联网账号（如腾讯、支付宝、新浪微博等）进行授权登录，免去账号注册过程并完成身份认证。OAuth、OpenID、SAML 等规范及协议已成为该认证方式的事实标准。

十是基于区块链技术的身份认证，区块链技术也称分布式账本技术，是一种互联网数据库技术，其特点是去中心化、公开透明，让每个人均可参与数据库记录，基于区块链技术构建的在线身份认证系统，具有身份信息难以篡改、系统信息分布式存放、激励机制的存在促使用户积极维护整个区块链等特征。

第二节　市场格局

一、产业链分析

网络可信身份服务产业链主要包括网络可信身份第三方中介服务商、网络可信身份服务基础技术产品提供商、网络可信身份服务商、依赖方和最终用户等，如图 16-1 所示。

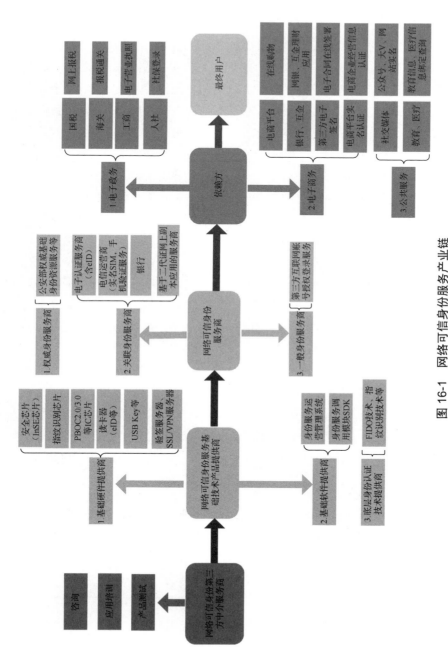

图 16-1　网络可信身份服务产业链

（资料来源：赛迪智库整理，2024 年 5 月）

网络可信身份第三方中介服务商为产业链各参与方提供产品测试、应用培训、咨询等服务。网络可信身份服务基础技术产品提供商包括基础硬件提供商、基础软件提供商、底层身份认证技术提供商。

网络可信身份服务商负责建立、维护与某网络主体相关的网络身份，并保证它的安全，具有主体身份的认证和注册的功能，包括权威身份服务商、关联身份服务商、一般身份服务商。权威身份服务商包括公安部门、民政部门、工商部门等，这些部门依法授予现实实体法定身份，并直接将法定身份映射成网络可信身份；此外，依据法定身份信息，通过提供密码技术将该信息与表示网络身份的标识进行绑定和认证服务，并符合相关法规和标准的身份服务商，其可信度和权威性可以得到保障。关联身份服务商能够起到丰富网络可信身份属性的作用，如银行能够丰富网络可信身份对应的财务信息等。一般身份服务商，如第三方互联网账号登录授权。相对而言，采用此类身份服务的场景对身份信任度的要求较低。

依赖方负责接收和验证网络可信身份服务商提供的最终用户的网络可信身份和属性证明，然后据此为最终用户提供临时性的网络权限证明，允许最终用户执行经授权的网络行为，如电子政务、电子商务、公共服务等。

二、市场规模

得益于国家政策的大力支持，2023 年中国网络可信身份服务市场规模保持增长趋势。截至 2023 年年底，中国网络可信身份服务相关市场总规模达到 1891.13 亿元，较 2022 年增长 6.92%，增速放缓。赛迪智库统计，2018—2023 年中国网络可信身份服务市场规模及增长率如表 16-1 和图 16-2 所示。

表 16-1　2018—2023 年中国网络可信身份服务市场规模及增长率

项目	2018 年	2019 年	2020 年	2021 年	2022 年	2023 年
市场规模/亿元	1128.73	1288.05	1420.49	1592.5	1768.8	1891.13
增长率/%	13.70	14.11	10.28	12.11	11.07	6.92

资料来源：赛迪智库整理，2024 年 5 月。

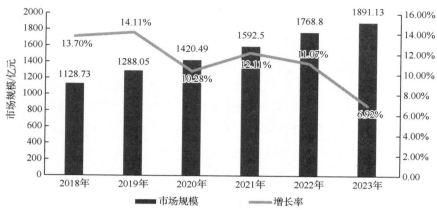

图 16-2　2018—2023 年中国网络可信身份服务市场规模及增长率
（资料来源：赛迪智库整理，2024 年 5 月）

三、细分领域

　　从产业链环节的角度看，2023 年中国网络可信身份行业的市场规模主要由四部分组成：一是网络可信身份服务基础技术产品提供商规模约为 1533.83 亿元，其中基础硬件制造商规模为 731.78 亿元，包括安全芯片、USB Key、OTP 动态令牌、指纹识别芯片、读卡器、SSL/VPN 服务器等相关产品；基础软件服务商规模约为 209.05 亿元，包括身份服务运营管理系统、身份服务调用模块 SDK 等；底层身份认证技术提供商规模约为 593 亿元，包括下游应用，如人脸识别和指纹识别应用等，但不包括指纹识别芯片等相关硬件。二是网络可信身份服务商规模约为 111 亿元，其中，公安部等权威身份服务商并不开展商业应用，第三方互联网账号授权登录服务往往也不直接收费，第三方电子签名服务机构产业规模为 19.8 亿元，电信运营商提供的实名 SIM 手机认证功能规模约为 27.6 亿元。三是依赖方中，电子商务相关网络可信服务身份规模约为 125.4 亿元、社交媒体等相关网络可信身份公共服务规模约为 65.9 亿元。四是第三方中介服务规模约为 55 亿元，囊括了提供网络可信身份咨询、培训和测试等场景。

　　从市场结构的角度看，中国网络可信身份服务行业主要包括基础硬件、基础软件、网络可信身份服务和咨询中介服务四大细分领域，各细分领域的市场规模占比如图 16-3 所示。2023 年，中国网络可信身份服务市场中，网络可信身份服务占产业总市场规模的 47.34%，是产业最主要的组成部分，基础硬件、基础软件和咨询中介服务的占比分别是 38.70%、11.05% 和 2.91%。对比 2022 年，网络可信身份服务在产业整体市场规模中的占比基本持平，人脸识别、指纹识别等底层身份认证技术已经广泛应用于各领域；基础硬件、基础软件和咨询中介服务的占比相对稳定，这表明身份服务运营管理系统和身份服务调用模块 SDK 等核心软件组件，以及网络可信身份咨询、培训和测试等服务，均维持了稳定的增长态势。2021—2023 年网络可信身份服务市场细分结构对比情况如图 16-4 所示。

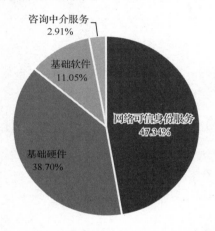

图 16-3　2023 年网络可信身份服务市场细分结构
（资料来源：赛迪智库整理，2024 年 5 月）

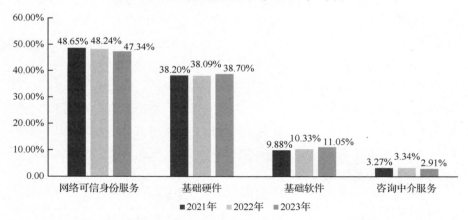

图 16-4　2021—2023 年网络可信身份服务市场细分结构对比情况
（资料来源：赛迪智库整理，2024 年 5 月）

第三节 产业链进展

一、行业法规政策逐步完善，向规范化、标准化与安全化稳步迈进

2023 年，网络可信身份服务行业朝着更加规范化、标准化和安全化的方向发展。1 月 10 日，《互联网信息服务深度合成管理规定》正式施行，该文件制定了深度合成服务的"底线"和"红线"，加强互联网信息服务深度合成管理，促进深度合成服务规范发展。2023 年 4 月 27 日，国务院公布《商用密码管理条例》，规范商用密码应用和管理，鼓励和促进商用密码产业发展，保障网络与信息安全，维护国家安全和社会公共利益，保护公民、法人和其他组织的合法权益。7 月 13 日，国家网信办等七部门联合公布《生成式人工智能服务管理暂行办法》，明确了促进生成式人工智能技术发展的具体措施，规定生成式人工智能服务的基本规范。此外，2023 年，发布了多项与网络可信服务行业相关的信息安全技术标准。如 GB/T 42573—2023《信息安全技术 网络身份服务安全技术要求》，确立了面向自然人的网络身份服务的参与方和模型，规定了网络身份服务安全级别和安全技术要求，适用于面向自然人的网络身份服务的设计、开发、部署和应用。GB/T 42572—2023《信息安全技术 可信执行环境服务规范》，确立了可信执行环境服务的技术框架体系，并规定了相关安全技术要求及测试评价的方法。GB/T 42460—2023《信息安全技术 个人信息去标识化效果评估指南》，规定了电子凭据核发、开具、交付、存储、核准、查验、状态管理等服务的安全要求及测评的方法。相关政策、标准的制定和实施不仅加强了对个人信息的保护，促进了网络可信身份的技术健康发展，对网络身份可信服务行业的企业提出了更高的合规要求，也为它们的发展提供了指导和支持。

二、可信身份技术加速发展，技术融合趋势日益凸显

2023 年，可信身份技术朝着更加安全、可靠、注重隐私保护与尊重用户主权的方向发展。一是国产密码技术已在国际上具有较强竞争力和开发优势。例如，我国自主设计的公钥密码算法 SM2 公钥密码体系，基于更加安全先进的椭圆曲线密码机制，与 ECC 加密技术相比具有更高的加密强度和更好的性能；SM4 对称加密算法采用 32 轮非线性迭代的数学结构，与国外

AES 等对称加密算法相比，运算速度更快，安全性更好。二是区块链技术的成熟度不断提升。区块链的技术核心优势在于去中心化和数据不可篡改，这些特性使区块链在网络可信身份服务领域发挥着重要作用。通过区块链技术，身份信息的存储变得更加安全可靠，同时为可信身份认证提供了坚实的基础。作为一种增强信任的底层技术，区块链集成了共识机制、智能合约、密码学和分布式存储等先进技术，业界正积极探索如何利用区块链技术构建更加安全、高效的网络可信身份管理系统。例如，通过智能合约实现的自动化流程，用户可以在无须第三方介入的情况下，进行可编程的数字交易和合同执行，这不仅增强了数字资产管理的透明度，也为数据隐私和身份验证提供了新的解决方案。三是多模态生物识别技术实力日益提升。多模态生物识别技术通过融合人脸、指纹、指静脉、虹膜、声纹等多种生物特征，利用各自独特的优势，结合数据融合技术，提高了认证和识别的精确度和安全性。近年来，学术界对多模态生物识别技术的研究不断深入，包括算法优化、模型改进及新的生物特征识别方式的开发，致力于提高识别的准确性和系统的鲁棒性。

三、行业集中度日益提升，优质产业生态逐渐成形

近年来，中国网络可信身份服务行业发展迅速，行业集中度日益提升，产业结构分布趋于合理，良好的产业生态逐渐成形。一些大型国内企业和机构已经拥有完整的身份认证服务体系，具备提供完整的产品、设备，以及某个具体层面解决方案的能力，不仅能够为政府、企业等提供高质量身份认证服务、整体架构设计和集成解决方案，还能走出国门，不断提升自身竞争力，满足国外客户身份认证服务需求。例如，腾讯旗下的诸多产品已经成为国际流行的通信工具，截至 2023 年年底，微信及 WeChat 的合并月活跃账户数高达 13.43 亿，同比增长 2.5%。而公众号、视频号、个人微信账号的运行都离不开身份管理。同时，腾讯云也提供身份认证解决方案，帮助客户实现安全可靠的在线身份认证。联通在线公司推出创新产品——联通认证，以"密码"和"算法"为核心安全能力，打造多因子认证解决方案，已形成号码认证、标识认证、生物认证、数字身份认证、位置认证五大认证能力，同时广泛使用国产商用密码算法、量子密钥生成及分发等技术将关键身份信息进行加密处理，即使被攻击、截获也无法还原明文信息，有效保证了身份认证的安全性。截至 2023 年年底，联通认证已为 2 万余个 App 提供认证服务，TOP 200

App 覆盖率达 75%。当前中国身份服务市场需求已经逐渐从单一的身份认证技术产品向集成化的网络可信身份认证解决方案转变，购买"一站式、全流程"的网络可信身份服务逐渐成为主流，良好的产业生态正在形成。

四、应用场景不断创新突破，提升效率与生活便捷度

2023 年，网络可信身份服务行业应用展现了多方面的创新和突破，不仅在实际应用中提升了效率和生活便捷度，也在保护个人隐私和实现身份互认方面取得了重要进展。5 月，雄安新区打造"数字身份+数字货币"智慧支付示范区，这是全国首次结合数字身份技术实现了数字货币的应用场景，雄安数字身份"一码通付"基于数字货币智能合约预先设定的消费规则，居民使用数字身份码支付时会触发智能合约自动执行红包实时核销，商户可立即收到居民付款与红包核销金额，不仅丰富了数字身份码的支付场景，还拓宽了数字货币的应用边界，提升了雄安新区居民生活的便捷度。7 月，中国银行、中国电信、中国联通在数字人民币 App 联合上线 SIM 卡硬钱包产品，实现金融与通信跨界又一创新成果落地，为数字人民币应用提供更加普适、便捷的支付方式和体验。数字人民币用户需在手机端安装运营商发行的超级 SIM 卡，登录数字人民币 App，开通 SIM 卡硬钱包，利用手机 NFC 功能"碰一碰"即可完成数字人民币支付。2023 年 12 月，国家信息中心和公安部第一研究所联合发布 BSN 实名 DID 服务（去中心化数字身份），该服务充分融合了 BSN 区块链服务网络和 CTID（公安部第一研究所可信身份认证平台）数字身份链两大基础设施，满足"前台匿名、后台实名"的管理要求，能在保护个人隐私的同时实现数字世界的身份互认等。

第十七章

电子认证服务

第一节　概念内涵

　　电子认证技术是一种基于密码学的技术，也是验证网络环境中用户身份和确保数据完整性与机密性的重要手段。通过发放数字证书和采用公钥基础设施（Public Key Infrastructure，PKI）技术，为网络交易、电子商务和电子政务等在线活动提供了安全可靠的保障，确保信息传输的机密性、完整性和交易的不可否认性，是构建信任体系、促进数字化转型的重要底层支撑。

一、电子认证原理

　　电子认证技术主要以电子认证证书（又称电子签名证书）作为核心，结合 PKI 技术，对网络上传输的信息进行加密、解密、数字签名和数字验证，从而确保信息的保密性、完整性和不可否认性。电子认证的基本原理建立在 PKI 之上，通过非对称加密技术来保障信息的安全。在 PKI 系统中，每个用户都拥有一对非对称密钥，包括公钥和私钥。公钥可以公开给其他人使用，而私钥需要用户自己妥善保管。当用户需要发送加密信息时，可以使用接收方的公钥进行加密，接收方再使用自己的私钥进行解密。这种机制确保了只有拥有正确私钥的用户才能解密消息，从而保证了信息的机密性。

二、电子认证服务常见类型

　　当前，中国电子认证服务的常见类型分别为签署人实名认证服务、电子签名认证服务等。签署人实名认证服务是指为了保障安全、健康的网络环境，用户在进行电子签约时需要进行实名认证。实名认证是对用户资料真实性进行的一种验证审核，是电子合同签署的核心环节。电子签名认证服务是指依据《中华人民共和国电子签名法》（以下简称《电子签名法》）有关规定，开展电子签名认证的有关服务，可证实电子签名人与电子签名制作数据有联系的数据电文或其他电子记录，用于证实电子签名的归属。

三、电子认证服务主要功能

电子认证服务的主要功能包括担保功能、防止欺诈功能和防止否认功能。

担保功能：通过发放认证的证书，认证机构对所有合理信赖证书内信息的人承担一定的担保义务。防止欺诈功能：在开放的电子商务环境下，交易双方可能是跨越国境的陌生人，因此通过电子认证可以有效防范各种欺诈行为。防止否认功能：电子认证可以确保信息发送人难以否认电子认证的程序与规则，同时信息接收人也不能否认其已经接收到的信息，为交易当事人提供了大量的预防性保护。

第二节　市场格局

随着云计算、物联网、移动互联网、区块链等新技术新应用的不断涌现，网络空间提升到一个新水平、新阶段。面对网络空间各领域参与主体的迅猛扩张，电子认证服务作为确认网络主体及行为、保障用户权益、认定法律责任的重要手段，应用需求日益升温。经过多年的发展和市场培育，中国电子认证服务业粗具规模，上下游产业链条不断完善，包括电子认证软硬件提供商、电子认证服务机构、电子签名应用产品和服务提供商、应用单位和终端用户等主体。回顾 2023 年，电子认证服务业在拓展用户上遇到了一定的困难，但是一些新技术新应用的兴起，也为行业未来发展带来了新的机遇。

一、产业链分析

电子认证产业链是一个涵盖证书认证、数据加密、安全存储等多个领域的综合性产业链。它以数字证书为核心，以 PKI 技术为基础，对网络上传输的信息进行加密、解密、数字签名和数字验证。电子认证产业链主要包括电子认证硬件提供商、电子认证软件提供商、电子认证服务机构、电子认证公共服务机构和电子认证服务机构有关用户等主体。

（一）产业链上游：电子认证软硬件提供商

电子认证软硬件提供商位于产业链上游，提供建设运行证书认证中心所需要的软硬件技术和产品。随着技术的不断进步和市场的不断扩大，电子认证软硬件提供商在技术创新和产品升级方面取得了显著成果，不断推出更加安全、高效、便捷的电子认证产品，以满足不同行业、不同领域的需求。

（二）产业链中游：电子认证服务机构和公共服务机构

电子认证服务机构位于产业链中游，向社会公众签发证书并提供验证服务是产业链的核心。随着《电子签名法》的实施和相关政策的推动，电子认证服务机构数量不断增加，服务质量不断提升。同时，公共服务机构也发挥着重要作用，提供技术支持、标准研究、人员培训、运营咨询等服务，为电子认证产业的健康发展提供了有力保障。

（三）产业链下游：电子认证服务机构有关用户

电子认证服务机构有关用户位于产业链下游，是电子认证服务的最终受益者。随着移动互联网、云计算、物联网等技术的飞速发展，电子认证服务在政务、金融、医疗、教育等领域得到广泛应用。用户通过电子认证服务，可以确保网上传递信息的保密性、完整性和不可否认性，从而保障网络应用的安全。

二、市场规模

2023 年，电子认证服务业市场规模为 226.8 亿元，相较于 2012 年 65.6 亿元增长 245.73%，与 2022 年 242.8 亿元基本持平，表明中国电子认证服务业经历了过去十年的发展，现已趋于稳定，2019—2023 年中国电子认证服务市场规模及增长率如图 17-1 所示。其作为网络安全可信保障的重要基石，随着新型工业化建设的深入推进，重要性将进一步提高。

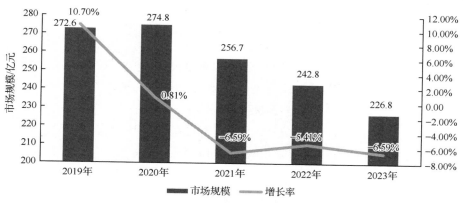

图 17-1　2019—2023 年中国电子认证服务市场规模及增长率

三、细分领域

（一）传统电子认证软硬件市场接近饱和

电子认证软硬件产品主要包括 USB Key、签名验签网关、SSL VPN 网关、CA 系统等。近年来，电子认证软硬件市场规模趋于饱和，2023 年约为 201.9 亿元，同比增长-3.54%，与 2022 年同比增长-6.06%相比，降速有所放缓，如图 17-2 所示。USB Key 的销售量在电子认证软硬件市场规模中所占的比重较大，主要是由于第三方电子认证服务机构以及我国的工商银行、建设银行、招商银行等几家大型商业银行依靠自建电子认证系统发放的数字证书趋于饱和。

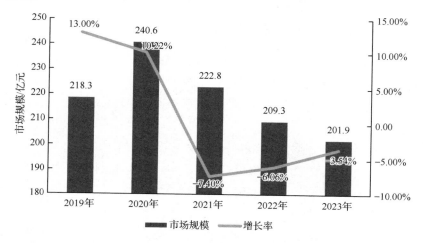

图 17-2　2019—2023 年中国电子认证软硬件市场规模及增长率

（二）电子认证服务营业额略微下降

电子认证服务机构是向社会公众签发数字证书，并提供签名人身份的真实性认证、电子签名过程的可靠性认证和数据电文的完整性认证服务的机构。电子认证服务机构除能够直接解决应用方和用户的问题外，还是引导电子认证上下游技术和产品发展、拓展电子认证服务应用市场的关键。随着行业内企业数量不断增多、市场竞争加剧，并且由于国家大力推动"放管服"工作，深入优化营商环境，减少涉企收费，电子认证服务机构总营业额在 2023年出现了略微的减少。2023 年电子认证服务营业额为 25.74 亿元，增长率为−6.60%，如图 17-3 所示。

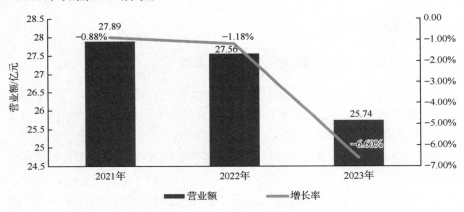

图 17-3　2021—2023 年中国电子认证服务营业额及增长率

（三）有效数字证书总量保持较快增长

中国电子认证服务行业以 PKI 技术为基础，以数字证书为载体面向用户提供服务。经过多年发展，数字证书不仅在电子政务、电子商务、金融等领域应用不断扩大，同时在移动互联网、医疗卫生、教育等新兴领域也有了一定发展。

近年来，全国电子认证服务机构均投入较多力量于本省或本机构内的数字证书互通互认方面。贵州、浙江、深圳、吉林等地以当地的公共资源交易中心为突破口，率先进行了多种数字证书互通互认的尝试，当地的省级、地市级公共资源交易平台互通互认应用迅速增多。电子认证服务机构通过推动证书互通互认以及发挥线下网点的专业服务力量，加强了对于公众订户的服务工作，包括开设服务热线，以及线下指导订户正确结合系统使用数字证书等，取得了较好的工作成果。

自 2019 年起，中国有效数字证书总量持续保持较快增长，截至 2023 年 12 月，中国有效数字证书总量约达 25.26 亿张，同比增长 21.10%（见图 17-4）。

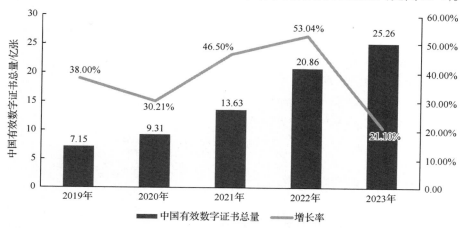

图 17-4　2019—2023 年中国有效数字证书总量及增长率

（四）第三方电子签名服务应用范围不断扩大

近年来，伴随应用领域的扩大，第三方电子签名服务的应用呈现多点开花的增长格局，向互联网金融、教育、旅游、电商、建筑房地产、物流、金融、政府、医疗、银行、建筑建材、培训、地产中介、政府事业单位、制造业、商贸等多个行业快速渗透。部分第三方电子签名服务平台致力于扩大行业应用范围，应用场景主要包括工商注册、互联网版权、劳动合同、企业供应链电子合同、消费金融、互联网网贷、互联网银行等。部分第三方电子签名服务平台专注于互联网新兴行业，主要为银行小额信贷、运营商网厅服务、供应链金融、物流电子单据、二手车金融、互联网金融 P2P、互联网信托、电子保单、电子采购等一大批"互联网+时代"的新兴行业。

（五）关键技术应用不断突破

2023 年，新技术新应用继续在电子认证领域大施拳脚。一是零信任身份安全解决方案取得进展。通过身份可信认证、业务安全访问、持续信任评估和动态访问控制这四大关键能力，应用身份管理与访问控制、访问代理、端口隐藏等技术，基于对网络所有参与实体的数字身份，对默认不可信的所有访问请求进行加密、认证和强制授权，汇聚关联各种数据源进行持续信任评估，并根据信任的程度动态对权限进行调整，最终在访问主体和访问客体之间建立一种动态的信任关系。二是区块链技术应用于数字证书申请。引入了已有 CA 签名证书的第三方作为信任背书者，对申请者认证信息的数字签名表示了背书者对申请者认证信息真实性的承诺，具备相应的法律效力，CA 机构可以选择无须再对申请者进行单独审核，便可自动为申请者颁发证书，并将背书信息嵌入所颁发的证书内。三是基于数字证书的抗量子计算身份认证方法。被认证方基于 CA 机构颁发的数字证书向认证方认证自己的身份，在整个身份认证过程中，通过所述基于数字证书的抗量子计算身份认证系统实现客户端与 CA 机构之间、客户端与客户端之间的保密通信。

第三节　产业链进展

一、政策驱动电子认证合规发展

随着中国信息化的不断发展，数据电文的法律效力越发受到重视。自 2022 年以来，中国各有关部门先后发布了《国务院办公厅关于加快推进电子证照扩大应用领域和全国互通互认的意见》《关于进一步优化营商环境降低市场主体制度性交易成本的意见》《国务院办公厅关于扩大政务服务"跨省通办"范围进一步提升服务效能的意见》等相关政策文件，涉及政务、医疗、金融、交通、旅游和能源等多个行业。相关政策的陆续推出旨在完善电子证照、电子印章、电子签名、可信身份认证、电子档案等方面配套制度，建立健全电子认证服务相关业务合法合规应用体系，进一步拓展电子签名的适用范围，促进电子签名的应用。

二、电子认证服务行业监管持续加码

2023 年，随着新修订的《商用密码管理条例》的公布，进一步明确了电子政务电子认证服务的准入要求和业务规则，积极推动了电子认证服务互信互认，规范了电子认证服务的应用和管理，促进了电子认证服务行业的发展。同时随着《电子认证服务管理办法》修订工作的启动，进一步体现了国家对统筹电子认证服务行业健康发展和安全发展的决心。下一步，中国将继续明确电子认证服务领域的管理职责，提高行业准入门槛，对电子认证服务行业监管进一步深化、细化、广化，促进整个行业可持续性发展。

三、新技术新应用创新融合发展

随着零信任、区块链、生物识别等新兴技术的发展，电子认证技术不断与新技术新应用创新融合，共同赋能网络安全身份认证技术发展。一是电子认证融合零信任身份安全解决方案取得进展。随着基于 PKI 技术的电子认证技术与零信任安全体系的深度结合，契合零信任安全体系中"以身份为中心"的核心理念，简化身份管理和增强数据安全，更好地为企业实现零信任化转型提供有力的支持，赋能传统电子认证技术的发展。二是电子认证服务将与区块链技术融合发展。在电子认证服务中引入区块链技术，可借助区块链的多中心化同步记账、身份认证、数据加密等特征，确保了电子认证信息可信任且可追溯，提高电子认证服务的安全性与可信度。三是电子认证与生物识别技术深度融合。当前网络环境越发复杂，认证主体更加多样和不确定。单一的认证方式面临容易被破解或因应用不当而导致安全问题。因此，结合指纹识别、虹膜识别、人脸识别等生物识别技术的认证方式，从物理认证和生物认证两个方面极大提升了电子认证服务的易用性和安全性，为用户的身份认证提供了更多的鉴别要素。

四、电子认证服务应用领域越发普及

近年来，电子认证服务在移动互联网、电子政务、金融、司法等领域得到广泛应用，电子认证服务与行业应用需求紧密结合，催生了一批新模式、新应用。在移动互联网领域，电子认证服务实现了用户身份认证、数据安全存储及传输等功能，为生物支付、二维码支付等移动支付新应用提供了有力的安全保障。在电子政务领域，电子认证机构为准营准办、住房保障、公用事业等 40 类政务业务提供电子认证服务，形成一批"线上一网办"的业务办理新模式。在金融领域，第三方电子合同服务平台通过电子认证服务，为在线签署、存储和管理合同提供服务，实现对合同签署方的司法保障。在司法领域，将区块链与电子认证服务深度结合，通过建设一体化服务平台，实现存证用户、司法机关、公安机关之间的高效协同，大幅提高办案效率。

第四节　问题和挑战

一、电子认证服务应用创新不足

电子认证服务机构仍停留于证书、电子签名产品和服务，对于用户的需

求缺少深入挖掘，尤其是对区块链、元宇宙等新型应用场景的研究较少。目前，中国 CA 机构业务同质化比较严重，大部分 CA 机构的主要业务仍在电子政务领域，并以签发证书为主。当前，信息技术高速发展，大数据、人工智能、区块链等新形态、新业务已经给电子认证服务打开了更大的市场空间，但多数 CA 机构在运营上有比较稳定的客户，经营收入方面不存在后顾之忧，容易满足于现状，危机意识不足，缺乏对新应用新模式的开拓动力，行业整体的技术创新、业务创新明显不足。与人脸识别、语音识别等生物识别技术相比，CA 技术缺乏互联网基因及互联网创新活力，其发展滞后于互联网应用的发展。在很多实际应用中，短信密码、动态口令牌、手机令牌、智能卡、生物识别等一系列认证技术实现了对 CA 技术的替代。

二、新技术新应用存在安全风险

随着生物特征识别技术应用越加广泛，在身份认证方面的应用表现突出，最为常见的应用有指纹支付、指纹登录、声纹启动、虹膜扫描、刷脸登录等。但是，现代生物特征识别技术的普及和推广也引发了许多安全风险。一是存在被"物理克隆"的安全隐患。不法分子可通过三维打印用户指模、非法收集合成的语音、利用照片制作活体"灰脸"方式"物理克隆"用户身份特征，由于生物特征终身唯一且无法改变，被非法复制后将对用户产生长期威胁。二是存在信息被泄露篡改的网络安全风险。生物特征信息在传输和存储时，若相关网络、系统或平台被木马病毒入侵，则存在被非法泄露、篡改、滥用等安全风险，黑客若将相关信息转入地下黑产，对于信息安全、经济安全、人身安全都可能存在较大威胁。另外，一些企业在使用生物识别技术作为身份认证的同时，也将其作为身份管理标识，混淆使用会导致严重的隐私泄露问题，如果用于支付等场景，系统可能会遭受被攻击的风险。

三、电子认证服务从业人员稀缺

电子认证服务行业从业人数较少。截至 2023 年年底，电子认证服务机构从业人员总量不到 6000 人，其中，专业技术人员所占的比例不足 30%，从业总人数及技术人员数量同比无明显增长。从统计情况看，2023 年新获得电子认证服务许可证的企业数量较少，行业新增从业人员数量较少。2023 年存量企业从业人员有一定流失，补充人员无大幅增长。行业中既懂技术又懂管理的综合性人才稀缺，在人才供给端，密码、信息安全、网络安全等相关

专业毕业生相对较少，电子认证服务行业规模相对较小，对毕业生吸引力不强；社会上，人们对电子认证服务的理解和重视程度不够，缺少培训机构和培训教材，人才培养体系尚未建立；没有针对电子认证的岗位资格认证，从业资格认证机制不健全。目前，行业从业人员能力还难以满足行业发展及行业企业的需求，制约了行业发展。

热 点 篇

第十八章

网络攻击

第一节　2023 年网络攻击形势概述

2023 年，全球范围内的网络攻击事件越演越烈，数字化转型在为社会各界带来普惠价值的同时，也让网络安全风险不断上升。这一年，制造业、能源、金融、医疗、教育等领域接连遭遇黑客入侵，关键信息基础设施频频成为攻击目标；勒索软件攻击加剧，给全球企业和组织都敲响了警钟；数据泄露事件此起彼伏，个人隐私保护形势严峻。

从攻击者的身份来看，除熟悉的普通黑客组织外，一些网络犯罪集团、国家级 APT（Advanced Persistent Threat，高级持续性威胁）组织也活跃在攻击活动中，令网络攻防对抗更加激烈和复杂。例如，针对石油、电力、供水等关键基础设施的定向攻击被怀疑由国家力量支持，一些计算能力超群的新型勒索软件也被认为出自职业网络犯罪团伙之手。

从攻击手段上看，传统攻击方式如分布式拒绝服务、钓鱼邮件、漏洞利用等固然屡试不爽，但一些新趋势也值得警惕。利用人工智能、大数据等新技术发起的自动化攻击逐渐增多，机器速度制造攻击流量，极大地提升了防护难度。此外，面对日益完善的安全防线，一些黑客还将目光投向了供应链上游，通过感染软硬件供应商，对下游用户发起"溯源式攻击"。

从危害后果来看，导致生产停工、业务中断的攻击事件比比皆是，一些攻击还造成了较大的经济损失和社会影响。例如，美国燃料管道巨头殖民地管道遭勒索软件攻击，导致东海岸多州陷入"油荒"；新西兰医疗系统因网络被入侵瘫痪，大量手术被迫取消，数千人的生命健康受到威胁。大规模数据泄露事故也层出不穷，数以亿计的用户隐私信息被滥用，企业的声誉和财务状况因此遭受重创。

2023 年备受瞩目的 ChatGPT 等生成式人工智能平台虽为网络攻防双方提供了新工具，但从目前来看，其负面影响尚未全面显现，更多的是降低了初级黑客的技术门槛，助长了网络敲诈勒索等犯罪活动。人工智能支持下的高级持续威胁（AI-APT）还处于起步阶段，但其能够反复突破更新防线的能力已经初见端倪，未来恐成为重大威胁。

在日益多元、频发、复杂的网络威胁面前，企业和组织一方面要强化自身的主动防御能力，补齐短板，织密防护网；另一方面要加强同业协作，构建情报共享、应急联动的安全生态圈。与此同时，政府有关部门还应加大执法力度，严惩网络犯罪，净化网络空间。只有社会各界共同努力，才能为数字经济发展营造安全、可信的环境。

第二节　热点事件及分析

一、勒索软件攻击事件

2023 年，全球范围内爆发了多起备受瞩目的勒索软件攻击事件，勒索软件已然成为头号网络安全威胁。

2 月，全球最大的新鲜果蔬生产与分销商都乐食品公司遭遇了大规模勒索软件攻击。这次网络入侵导致该公司全球多个工厂的业务运营陷入瘫痪，订单处理、物流配送、财务结算等关键业务流程被迫中断。黑客组织利用植入的勒索软件加密了都乐食品公司的关键数据，并勒索高额赎金。尽管都乐食品公司第一时间启动应急预案，采取断网、报警、恢复等措施，但业务中断仍持续数日。这起事件不仅给都乐食品公司造成了上千万美元的直接经济损失，也在全球范围内引发了"雪藏蔬果"的恐慌。

4 月，美国自动取款机、条码阅读器、支付终端及其他零售和银行设备制造和服务商 NCR 遭遇了 Black Cat 组织的勒索软件攻击。此次攻击关闭了处理 Aloha POS 平台数据的多个数据中心，主要影响餐饮业的 POS 系统。NCR 启动了紧急响应计划，与执法部门合作，评估和恢复系统安全。尽管部分系统在几天后恢复，但供应链和客户服务受到严重影响，估算损失高达数百万美元。

8 月，美国加利福尼亚州的 Prospect Medical Holdings 公司遭遇了一场严重的勒索软件攻击。这次攻击不仅影响了其旗下 16 家医院的正常运营，还波及了 11000 名附属医生和 18000 名员工。8 月 3 日，Prospect Medical Holdings 的罗德岛附属公司 Charter Care Health Partners 宣布其系统遭到攻击，导致系统全面宕机，医疗服务受到严重影响。

9 月，黑客组织 ALPHV/Black Cat 发起的勒索软件攻击同时袭击了美国两大酒店和赌场连锁企业——Caesars 和 MGM。这次网络入侵导致相关赌场和酒店的预订和入住系统瘫痪，严重影响了客户的入住体验和企业的运营收益。酒店管理层迅速采取应急措施，与网络安全公司和执法部门合作，恢复了部分系统，但损失仍然巨大，社会影响恶劣。

从都乐食品公司的"雪藏门"、NCR 的"Aloha 门"、Prospect Medical Holdings 的"就医门"，到 Caesars 和 MGM 的"住宿门"，2023 年发生的一系列勒索软件攻击事件揭示了以下特点：

一是攻击目标从信息技术系统向核心业务渗透。网络犯罪分子瞄准企业的关键业务流程，通过瘫痪订单管理、物流配送、医疗服务等核心系统，最大化攻击"杀伤力"。这些事件表明，勒索软件已不满足于加密数据勒索赎金，而是直击企业命门、扰乱正常运转，其破坏性不言而喻。二是攻击手段从单点突破向全链条渗透演进。勒索软件利用系统漏洞实现初始突破后，迅速向整条业务链条横向渗透、纵向提权，最终引发企业信息技术架构"全面沦陷"。这也凸显了当前企业网络的薄弱防线和缺乏纵深防御能力。三是损失从经济损失向声誉影响全面扩大。勒索软件导致的业务中断和数据泄露，不仅给企业带来巨额的直接经济损失，也引发客户流失、市场信心受挫等间接损失。众多知名企业接连"中招"，更加剧了社会恐慌，影响了企业声誉和公众信任。四是事件从单点应对向系统治理全面升级。勒索软件事件频发、影响加剧，传统的事后补救、被动应对的策略已然过时。这就倒逼受害企业全面审视自身的网络安全治理体系，从威胁情报、主动防御、应急处置等方面系统提升。五是攻击从个体事件向行业风险全面外溢。从制造、零售到医疗、酒店等关系国计民生的行业接连遭遇勒索软件冲击，个案频发积聚成系统风险。这表明勒索软件正在演变为危害企业生存、扰乱行业秩序、冲击社会稳定的"毒瘤"，亟待各界形成合力共同应对。

二、供应链攻击事件

随着软件供应链的日益复杂化，相关攻击事件频发，给众多企业敲响了警钟。

3 月，知名的 VoIP IPBX 软件开发公司 3CX 遭受了一场精心策划的供应链攻击。攻击者利用 3CX 软件的更新机制，将恶意软件嵌入 3CX 的桌面客户端，通过看似正常的软件更新过程，将恶意载荷推送给全球范围内的企业用户。这次攻击的规模之大、影响之广，令人震惊。据统计，全球超过 35 万家企业用户受到了影响，其中包括小型企业、大型跨国公司以及公共部门机构。由于 3CX 软件在企业通信中的核心作用，这次攻击不仅对单个企业的网络安全构成了威胁，还对整个企业通信网络的完整性和安全性造成了严重破坏。

7 月，广泛使用的文件传输工具 MOVEit 被曝存在一个严重的安全漏洞，黑客组织通过此漏洞对成千上万家企业和组织发起供应链攻击。这次攻击影响了金融机构、政府部门以及多家跨国公司，导致大量敏感数据被窃取和泄露。MOVEit 迅速发布安全补丁并敦促用户更新，但许多组织仍然为恢复系统和保护数据付出了高昂的代价。此次事件进一步说明了在企业级软件中及时发现和修补安全漏洞的重要性。

10 月，网络安全公司 SolarWinds 曝出供应链攻击事件，这是一波针对其 Orion 平台的新攻击。黑客通过与之前相似的方法，利用软件更新过程中的薄弱环节，植入恶意代码，从而获得对企业内部网络的高级访问权限。受影响的企业包括金融机构、医疗机构和制造业巨头。SolarWinds 重新审查了其安全流程并改进了安全措施，但此事件引发了广泛的行业关注，要求加强对供应链安全的监管和保护。

从 3CX 的"通信门"、MOVEit 的"传输门"，到 SolarWinds 的"监控门"，2023 年发生的一系列供应链攻击事件凸显了以下特点：一是攻击目标从单一企业向产业链条蔓延。网络犯罪分子瞄准供应链上的薄弱环节，通过感染上游供应商的产品，将攻击影响扩散到下游的广大企业用户，从而最大化攻击"杀伤力"。这表明，在错综复杂的现代产业生态中，任何企业都不能独善其身，网络安全已然成为一张"牵一发而动全身"的大网。二是攻击手段从漏洞利用向主动植入演进。与传统的漏洞攻击不同，此类供应链攻击往往由犯罪分子主动将恶意代码植入正常的软件产品或更新包中。这种"藏木于林"的隐蔽手法，令攻击更难以察觉和防范，大大提高了攻击成功率。三是危害从数据窃取向系统瘫痪全面升级。供应链攻击一旦得手，犯罪分子不仅能够大规模窃取企业的核心数据，更可以长时间潜伏在内网环境中，对关键业务系统发动进一步攻击，直至其完全瘫痪。这种全方位、立体化的危害，远超传统网络攻击。四是影响从行业内部向社会民生全面外溢。从 3CX 波及全球数十万家企业通信，到 MOVEit 危及金融、政务等关键领域，再到 SolarWinds 撼动能源、医疗等民生支柱，供应链攻击日益成为危害企业生存、扰乱行业秩序、冲击社会民生的"达摩克利斯之剑"。

三、基础设施攻击事件

2023 年，全球的关键基础设施，如医疗、电力、通信、废物处理、制造和交通设备，面临近乎恒常的攻击。Forescout Research – Vedere Labs 记录了 2023 年 1 月至 12 月的超过 4.2 亿次攻击，这意味着每秒有 13 次攻击，相比 2022 年增加了 30%。这些攻击对全球的基础设施造成了严重破坏，导致数百万美元的损失和大量的运营中断。记录报告凸显了加强关键基础设施网络安全的重要性，并建议各国采取更严格的安全措施以应对不断增长的威胁。

4 月，黑客组织对美国及其他国家的关键基础设施发起了一系列网络攻击，使用了一种前所未有的定制投递恶意软件。这次攻击造成了多地关键业务系统瘫痪，严重影响了各国相关设施的运营和安全。

6 月，加拿大领先的石油公司 Suncor Energy 遭受了一场复杂的网络攻击。这次攻击不仅对公司的内部运营造成了干扰，而且使其遍布加拿大的加油站网络产生了严重的技术故障。顾客在加油站无法使用信用卡或奖励积分进行支付，这直接影响了全国各地的加油站服务。信用卡支付系统的瘫痪迫使许多顾客只能使用现金支付，而那些使用积分系统的顾客发现自己无法积累或使用积分。

8 月，澳大利亚一家主要能源供应商遭遇了一次精心策划的网络攻击。黑客通过恶意软件入侵其数据采集与监视控制系统，导致多个发电站的运营瘫痪，严重影响了东部沿海城市的电力供应。为了缓解危机，公司和政府紧急调度备用电源，并启动国内外专家团队进行系统恢复。这起事件揭示了全球能源供应链面临的安全挑战，并促使澳大利亚政府加快启动了能源基础设施的网络安全防护升级计划。

从黑客对基础设施的"定制攻击"，到 Suncor Energy 的"加油难"，再到澳大利亚能源供应商的"断电危机"，2023 年发生的一系列针对关键基础设施的网络攻击事件凸显以下特点：一是攻击频率大幅提升。据统计，2023 年针对关键基础设施的攻击次数同比增加 30%，平均每秒发生 13 次攻击。这一数字昭示着，关键基础设施已成为网络犯罪分子觊觎的"头号目标"，攻防对抗形势日趋严峻。二是攻击手段不断翻新。从社会工程到人工智能自动化攻击，从供应链渗透到定制恶意软件，攻击者无所不用其极，不断升级攻击武器库，令防御方疲于奔命。这也预示着，威胁情报溯源、攻击预警等能力已成为关键基础防护的"标配"。三是危害影响深入骨髓。从石油公司的加油站瘫痪到能源供应商的电网中断，关键基础设施一旦失守，其影响将迅速从企业内部蔓延至社会运行的方方面面，民众的衣食住行将无所适从。这表明关键基础防护事关国计民生，容不得半点闪失。

第十九章

数据与信息泄露

第一节 2023 年数据与信息泄露概述

2023 年，数据泄露事件越演越烈，个人信息保护形势不容乐观。在数字经济时代，数据已然成为最重要的生产资料，潜在价值巨大，然而许多企业和机构在数据的收集、传输、存储、使用等环节安全意识淡薄，防护措施单一，使得这些"数字原油"成为网络犯罪分子觊觎的重点目标。从社交平台、电商网站到运营商、金融机构，从政府部门、科研院所到医疗机构、教育组织，几乎百业皆"露"。数以亿计的用户隐私数据流落网上，成为网络犯罪的"羊毛"，催生出身份盗用、金融诈骗、网络暴力等诸多乱象。

从泄露途径来看，数据泄露事件呈现多样化特点。网络犯罪分子入侵企业数据库、员工误操作、设备丢失、供应商管理疏漏等，均成为数据泄露的重灾区。在线上办公、在线教育、远程医疗等应用场景下，更多私密数据被采集上网，扩大了数据泄露的攻击面。另外，内部人员盗卖数据、滥用权限等内鬼型威胁也呈现多发态势，反映出许多机构内控机制薄弱，缺乏有效的权限管理和行为审计。

从泄露数据种类来看，个人身份信息、生物识别信息、金融财产信息、社交行为信息等敏感数据无一幸免。这些数据一旦落入犯罪分子之手，往往会在地下黑市上被明码标价，助长诈骗、盗窃等衍生犯罪。此外，在大数据和人工智能技术的推动下，企业通过整合来自不同渠道的用户数据，对个人进行全方位画像，带来了"大数据杀熟"、算法歧视等问题。海量泄露数据成为算法模型训练的养料，进一步放大了数据滥用风险。

与此同时，随着数据跨境流动日益频繁，不同国家和地区的个人信息保护规则差异成为数据安全短板。一些企业利用制度空白，在用户不知情的情况下，将个人数据转移到监管薄弱地区，规避当地严格的隐私保护条例，变相实现数据变现。这表明，全球范围内对数据主权、数据属地监管等问题尚未达成广泛共识，急需在国际层面制定统一规则，平衡数据自由流动和安全保护。

第二节　热点事件及分析

一、外部攻击导致的数据泄露

2023 年 1 月，区块链加密钱包 BitKeep 证实遭受了一次网络攻击，该攻击允许攻击者分发带有欺诈性的安卓应用程序，目的是窃取用户的数字货币。此次网络攻击通过恶意植入的代码，导致用户私钥泄露，使黑客能够转移资金，估计已有价值 990 万美元的资产被掠夺。

1 月，超过 2.35 亿个推特账号的数据被泄露并发布在一个在线黑客论坛上。这些数据包括用户的推特 ID、用户名、显示名称、账号创建日期、最后一次使用日期等信息。这次数据泄露事件引发了广泛的关注，凸显了社交媒体平台在保护用户数据方面的挑战和漏洞。

2 月，谷歌通知 Google Fi 用户，由于其主要移动网络提供商发生数据泄露，Google Fi 用户的个人数据也遭到泄露。已经有 Google Fi 用户在社交媒体上反映遭到了 SIM 卡交换攻击。泄露的信息包括用户的电话号码、SIM 卡序列号、账户状态、账户激活日期和移动服务计划等详细信息。

3 月，某大数据平台员工计算机遭 Stealer log 病毒木马攻击，造成包含姓名、手机号、部门等敏感信息的数据泄露。攻击者通过邮件钓鱼和恶意软件感染员工计算机，获取并外泄了公司内部的敏感数据。事件发生后，该大数据平台立即采取紧急措施，包括隔离感染计算机、通知受影响员工并展开详细调查。该公司也加大了对员工的安全意识培训，并实施更加严格的安全防护措施。

3 月，数据安全公司 Rubrik 披露，第三方供应商的配置错误导致公司内部数据和客户信息被公开访问，包括大量敏感数据被泄露，如客户的姓名、联系方式、公司信息及内部文档。Rubrik 表示，立刻采取措施修复了这个漏洞，并通知了受影响的客户。此次事件再次凸显了数据安全供应链管理的复杂性和重要性。

4月，云安全公司 Wiz 撰文披露微软人工智能研究部门从 2020 年 7 月开始公开泄露了高达 38 太字节的敏感数据，此次数据泄露事件持续三年之久，直到一位 Wiz 研究人员发现一名微软员工不小心分享的一个 URL 指向包含泄露信息的 Azure Blob 存储桶（该 URL 被配置为可分享该账户下所有 38 太字节的文件）。

5月，美国航空公司披露了一起由第三方供应商 Pilot Credentials 遭受黑客攻击导致的数据泄露事件。黑客成功入侵 Pilot Credentials 的系统，导致其存储的数据被盗，包括客户的个人信息和飞行记录。此次事件暴露了航空业在数据保护方面的脆弱性，并引发了对第三方供应商网络安全保护措施的重新审视。航空公司表示正在合作进行全面调查和修复，并加强了对供应商的安全审计和合同条款。

10月，知名勒索软件团伙 Lockbit 声称入侵了技术服务巨头 CDW，并因赎金谈判破裂泄露了部分数据。这次泄露进一步凸显勒索软件攻击对企业数据安全的严重威胁，尤其是涉及企业内部敏感信息的暴露。

11月，美国爱达荷国家实验室确认遭受网络攻击，黑客组织 SiegedSec 泄露了实验室的人力资源数据。泄露的信息包括全名、出生日期、电子邮件地址、电话号码、社会安全号码、物理地址、就业信息等。这一事件暴露了研究机构在面对复杂网络威胁时的安全漏洞。

从 BitKeep 的"加密门"、推特的"账号门"、Google Fi 的"SIM 卡门"、某大数据平台的"病毒门"、Rubrik 的"供应链门"、微软的"员工门"、美国航空公司的"飞行员门"、CDW 的"勒索门"，到美国爱达荷国家实验室的"情报门"，2023 年发生的一系列由于外部因素造成的数据泄露事件揭示了以下特点：一是泄露原因复杂。从外部的恶意入侵攻击，到内部人员的失误或蓄意泄密，再到第三方供应商的安全缺陷，数据泄露的触发点呈现多样化趋势。这表明，在数据共享日益频繁的今天，任何一个薄弱环节都可能成为数据泄露的"导火索"，企业必须全方位重视数据安全。二是泄露过程环环相扣。很多事件并非单一因素导致的，而是威胁相互交织、彼此影响的结果。这昭示着，数据安全是一个系统工程，需要从纵向流程到横向边界统筹考虑。三是泄露数据量级惊人。从数百万条用户记录，到数十太字节的海量文件，再到价值千万美元的数字资产，泄露数据的规模和价值令人咋舌。在大数据时代，企业的每一次数据泄露都可能是一场灾难性的"地震"，其影响之深远难以估量。四是泄露影响波及甚广。从社交媒体平台到科技巨头，从关键基础设施到国家科研机构，没有哪个行业可以独善其身。一旦数据泄露，其负面效应将迅速辐射至经济、社会、民生等方方面面。可以说，没有网络安全就没有国家安全。

二、内部人员引发的数据泄露

3 月，推特源代码遭员工泄露。据《纽约时报》报道，推特的源代码被心怀不满的离职员工在 GitHub 平台泄露长达数月才被删除。推特在发现泄露后，立即采取行动删除了相关内容，并启动内部调查，以评估此次事件的影响范围和潜在损失。同时，推特也表示将进一步加强内部访问控制和审计机制，以防止类似事件再次发生。

5 月，三星电子核心技术遭到泄露，涉事员工被解雇并移交调查。据外媒报道，三星电子的设备解决方案部门以涉嫌泄露包含关键技术的文件为由解雇了一名工程师，并要求国家机关对此事进行调查。涉事工程师被发现将数十份重要文件，包括核心半导体技术资料，发送到个人外部电子邮件账户，并转发到另一个外部账户进行二次存储。

10 月，员工被钓鱼，D-Link 数百万条用户信息疑遭泄露。网络设备制造商 D-Link 证实发生数据泄露事件，失窃信息于该月早些时候已在黑客论坛 BreachForums 上公开出售。黑客声称窃取了 D-Link 的 D-View 网络管理软件的源代码，以及数百万条包含 D-Link 客户和员工个人信息的数据，其中甚至包括 D-Link 首席执行官的详细信息。

11 月，上海一家地图数据服务企业发现有人在境外论坛兜售自家 2000 多万条数据，这些数据明显是通过技术手段非法盗取的，该企业随即向警方报案。

5 月，英国最大的外包公司 Capita 的大量数据暴露在互联网上，持续时间长达 7 年。泄露的数据量高达 655GB，包括 Capita 与客户和政府部门合同的详细信息、员工的个人资料等敏感信息。Capita 在接到媒体询问后，立即关闭了相关的云存储桶，并启动内部调查。

9 月，英国国防部因重大工作疏漏被数据监管部门处以 35 万英镑罚款。据 BBC 报道，2021 年 9 月，因英国国防部工作人员不严谨，导致 265 名为英国效力的阿富汗本土翻译、向导的个人信息被错误地泄露给 100 多名未经授权的收件人，使得这些人员面临潜在的安全风险。

从推特的"源代码门"、三星的"核心技术门"、D-Link 的"钓鱼门"、上海企业的"竞争情报门"、Capita 的"云存储门"，到英国国防部的"工作疏漏门"，2023 年发生的一系列内部数据泄露事件凸显以下特点：一是泄密主体涵盖广泛。从普通员工、核心技术人员，到高管、政府官员，内部数据泄露事件几乎覆盖了组织内部的所有关键角色。这表明，在大数据时代，人的因素已成为数据安全的最大不确定因素，任何掌握敏感数据的内部人员都可能成为数据安全的风险点。二是泄密动机错综复杂。利欲熏心图谋不轨、心怀不满泄愤报复、麻痹大意一时疏忽，以及缺乏安全意识等，多种因素交织导致内部人员走上泄密的歧途。这提示我们，单纯的技术防范已远远不够，还需要从思想教育、行为管理等方面多管齐下。三是泄密方式隐蔽多样。从离职时顺手牵羊到伺机私自留存，从利用云存储便利到误操作邮件群发，再到网络钓鱼攻击，内部泄密的手段可谓"八仙过海，各显神通"，使企业防不胜防。因此，必须建立严密的内控体系，从权限管理到行为审计全方位加强。四是泄露数据类型数量繁多。从源代码到核心技术资料，从用户个人信息到商业机密，内部泄露的数据类型和数量触目惊心。这也再次印证了"数据是新时代的石油"，数据一旦流失，造成的损失和影响难以估量。五是泄密应对裹足不前。面对层出不穷的内部威胁，很多组织在制度建设、流程优化、技术防护等方面仍显滞后，事后补救、被动应对的情况普遍存在。这就需要从组织文化、管理机制等方面系统性地筑牢"内控长城"。

第二十章

新技术应用安全

第一节　新技术应用风险概述

　　2023年，人工智能和量子计算技术的快速发展，为网络安全领域带来了新的机遇和挑战。一方面，以机器学习、知识图谱为代表的智能安全技术日臻成熟，在攻击检测、威胁情报、风险预警等方面发挥出越来越重要的作用，助力安全运营实现智能化升级；另一方面，人工智能和量子计算为网络攻防对抗注入新的变量，催生出一系列新型攻击手段和安全风险，引发业界广泛关注。

　　人工智能方面，深度学习算法强大的数据挖掘和特征提取能力，使之在构建智能安全防御体系中大放异彩。机器学习模型可以快速处理海量异构数据，学习攻击行为模式，实现对新型威胁的精准检测和溯源。知识图谱技术可以建立全息资产库、攻击图谱库、威胁情报库，增强安全运营的全局认知和智能决策能力。自然语言处理、图像识别、语音识别等技术则广泛应用于人机对话、人脸识别、声纹认证等身份鉴别场景，为打造更加智能、友好的人机交互式安全防护提供了新思路。

　　然而，人工智能的发展也为网络犯罪分子提供了新的攻击工具。一些不法分子利用生成对抗网络等深度伪造技术，制作以假乱真的虚假音视频，发起针对性的社会工程欺诈。机器学习驱动的自动化漏洞挖掘、智能化模糊测试、大规模密码猜解等技术，极大提升了攻击效率，降低了攻击门槛。此外，人工智能系统自身的脆弱性也不容忽视。训练数据的质量缺陷、算法模型的鲁棒性不足、决策过程的不透明等因素，都可能导致人工智能系统做出错误判断，带来意想不到的安全隐患。对抗性样本攻击已成为视觉识别、语音识别等智能系统的"阿喀琉斯之踵",而数据中毒、模型窃取等新型攻击方式也不断涌现。

量子计算方面,随着量子优越性的逐步显现,后量子密码学时代悄然来临。基于量子叠加态、纠缠态等特性,量子计算机能够对特定问题进行高速并行计算,在大整数质因数分解、离散对数等密码学基础难题领域展现出超强的破解能力。这意味着,当前广泛使用的 RSA、ECC 等公钥密码体制面临巨大威胁。一旦量子计算机发展到足够成熟,攻击者有可能解密海量通信数据,破解各类数字签名,给金融交易、商业秘密、个人隐私等带来毁灭性打击。虽然格点密码、哈希签名、码型密码等后量子密码方案正在加紧研发,但如何构筑起抵御量子攻击的密码安全长城,实现传统密码体系向后量子密码体系的平稳过渡,仍是摆在业界面前的一项艰巨任务。

综上所述,人工智能和量子计算技术方兴未艾,在赋能网络安全防护的同时,也加剧了安全威胁的复杂性和难测性。未来,以人工智能(Artificial Intelligence,AI)为核心的智能安全防御体系将成为应对日益频发、隐蔽的新型网络威胁的利器。网络安全从业者既要学会利用人工智能技术,实现对海量异构数据的智能分析、威胁情报的自动关联、未知攻击的及时发现,也要重视人工智能系统自身的安全性、可控性,在训练数据、算法模型、系统框架等方面从源头构筑防线。与此同时,后量子时代的脚步已经越来越近。无论是夯实量子通信、量子密钥分发等量子密码基础,还是制定量子安全标准、评估现有系统的量子安全风险,都要未雨绸缪,及早谋划。只有紧跟技术发展潮流,将智能安全、量子安全作为长期演进方向,积极拥抱变革,我们才能在波诡云谲的数字世界砥砺前行,驾驭智能时代的网络安全新局面。

第二节　热点事件及分析

一、人工智能应用风险

2023 年 2 月,美国约翰·霍普金斯医院因严重依赖 AI 辅助诊断工具,发生多起误诊事件,导致数名患者病情加重甚至死亡。据报道,该 AI 辅助诊断工具在诊断过程中存在算法误差,未能准确识别某些复杂病症。医院在事件发生后立即停止使用该 AI 辅助诊断工具,并启动内部调查,同时联系相关患者进行追踪治疗。约翰·霍普金斯医院表示,将进一步审查并改进

AI 辅助诊断工具，加强对医务人员的培训，以确保医疗服务的准确性和安全性。

3 月，基于人工智能的钓鱼邮件数量显著增长，有报告指出，这类邮件数据在一年内增加了 10 倍。多个具有国家背景的 APT 组织利用 AI 技术实施了多起网络攻击，目标涵盖了政府、企业和个人账户。这些 AI 驱动的钓鱼邮件因为高度仿真和精准度，更易于骗取受害者的信任和敏感信息。针对日益增长的威胁，企业和安全机构纷纷升级了防御措施，采用先进的安全监控和应急响应机制，以应对 AI 生成的复杂威胁和攻击。

5 月，在美国芝加哥市长选举过程中，生成式人工智能被滥用于制造和传播虚假信息，意图影响选举结果。这些虚假信息通过 AI 生成，内容高度仿真，导致选民在关键问题上被误导。事件曝光后，相关机构立即展开了全面调查，以确认涉及人员和具体的散布途径。选举结束后，相关机构发布了调查报告，并呼吁制定更加严格的 AI 监管和审查机制，防止 AI 技术被滥用于政治操控和选举干扰。

6 月，《纽约时报》向 OpenAI 和微软提起诉讼，指控这两家公司未经许可使用《纽约时报》的大量文章训练其人工智能模型。此案引发了公众和法律界的广泛关注，并掀起了有关 AI 训练数据版权保护的讨论。此案曝光后，OpenAI 和微软表示将全面配合调查，并重新审视各自的数据使用政策，以确保合规性和对版权的尊重。这一事件促使行业内更加重视 AI 模型的训练数据来源和版权保护问题，并推动相关法律法规的制定和完善。

9 月，一辆采用了最新 AI 自动驾驶技术的特斯拉汽车在高速行驶时发生严重车祸，导致多名乘客受伤。初步调查显示，该事故是自动驾驶系统在恶劣天气条件下未能正确识别前方障碍物而导致的。特斯拉公司在事件发生后立即与相关部门合作开展深入调查，并派遣团队对受伤乘客进行慰问和支持。特斯拉公司还宣布将对自动驾驶系统进行全面升级，以提高其在复杂路况下的安全性和可靠性。

11 月，推特平台上出现了大量由人工智能生成的虚假新闻，声称旧金山即将发生一场大规模地震，这引起了当地居民的极度恐慌和社会混乱。居民纷纷从家中逃离，超市和加油站被挤爆，甚至引发了交通堵塞和公共秩序的严重问题。事后调查显示，这些虚假信息是利用 AI 技术故意制作和传播的，目的是制造混乱和不安。推特在事件曝光后发布声明，将加强对平台内容的审核，并引入更为先进的防伪机制，努力防止此类事件的再次发生。

同时，推特呼吁用户提高辨别虚假信息的能力，并且在传播消息前要核实其真实性。

从约翰·霍普金斯医院的"误诊门"、APT组织的"钓鱼门"、芝加哥市长选举的"虚假信息门"、《纽约时报》向OpenAI和微软提起诉讼的"版权门"、特斯拉自动驾驶的"识别门"，到推特的"地震谣言门"，2023年发生的一系列AI被滥用事件凸显出以下特点：一是滥用领域广泛多样。从医疗诊断到网络攻击，从政治选举到版权保护，再到自动驾驶和社交媒体，AI被滥用事件几乎涵盖了社会生活的方方面面。这表明，随着AI技术的日益普及，其潜在的负面影响和风险也在不断扩大，任何领域都不能掉以轻心。二是危害后果深远严重。AI误诊导致患者病情加重甚至死亡，AI钓鱼邮件使企业和个人蒙受经济损失，AI虚假信息干扰选举秩序、引发社会恐慌等。这些事件无一不暴露出AI被滥用的严重危害，其影响之深远难以估量。三是治理难度空前艰巨。AI技术的复杂性、黑箱性，以及其应用场景的广泛性、跨界性，使得AI治理面临诸多新挑战。传统的法律法规、伦理规范难以完全适用，而新的治理框架和手段尚在探索中。这就需要产学研用各界携手，共同应对AI治理难题。四是应对措施亟待完善。从医院停用问题AI系统到社交平台清除虚假信息，从企业升级应对AI钓鱼的安全防御到司法机构介入AI版权纠纷等。面对AI被滥用乱象，各方已经采取了一系列应对之策，但总体上仍显滞后和被动。未来亟待建立常态化、系统化的AI安全评估和监管机制。五是公众意识有待提高。AI技术在给大众生活带来诸多便利的同时，其风险和挑战尚未被充分认知。公众对AI的盲目信任和使用，以及对虚假信息的轻率传播，在一定程度上加剧了AI被滥用的危害。提升全民的AI素养和警惕意识已成当务之急。

二、量子计算应用风险

量子计算技术虽处于发展初期，真正成熟和广泛应用仍需时日，但其潜在的网络安全风险已初现端倪，引发业界广泛关注和讨论。值得注意的是，尽管当前量子计算尚未直接导致具体的网络安全事件，但其"破坏性创新"的潜力已让众多网络安全专家和业内人士提高了警惕。未来，随着量子计算能力的不断提升，其可能带来的网络安全威胁将日益凸显，现有的安全防御体系面临全面挑战已是大势所趋。

CSO Online 报道，多位首席信息安全官（CISO）表示，量子计算、人

工智能和数据投毒等新兴技术不断涌现，这些技术给网络安全带来了新的威胁。58%的安全领导者预计，在未来五年内，这些技术将显著改变网络风险景观。因此，目前的大多数防御措施必须重新评估和调整。

由全球风险研究所（Global Risk Institute）和 evolutionQ 联合发布的 2023 年量子威胁时间表报告整合了 37 位领先专家的见解。该报告详细探讨了当前量子计算对网络安全的潜在威胁点。这些专家普遍认为，在未来 15 年内，量子计算机可能会具备在 24 小时内破解公共密钥加密（如 RSA-2048）的能力。这种能力将对现有的加密机制构成重大威胁。因此，组织需要提前做好应对措施。

BizTech Magazine 报道，如果不采取相应的应对措施，量子计算技术的进步很可能会破坏现有的数据加密系统，导致大量敏感信息被暴露。目前，研究人员和行业专家已经着手研究应对这些威胁的多种措施。例如，政府机构和行业团体正加紧推进向量子安全未来的过渡，以保护经济和隐私。一些企业已经开始测试量子安全算法，以确保在量子计算新时代来临之前就做好准备。

根据 *Cyber Magazine* 的报道，微软警告称，随着量子计算技术的进步，它可能会被用于发起基于量子技术的新型网络攻击。微软建议各组织着手准备，过渡到量子安全的加密方法，以防范未来的量子计算威胁。这意味着需要投入更多的资源来研究和开发量子计算安全解决方案，以确保信息在量子时代依然安全可靠。

从全球风险研究所和 evolutionQ 的"专家共识"、*BizTech Magazine* 的"加速应对"，到微软的"技术预警"，2023 年，围绕量子计算对网络安全的潜在影响，业界的讨论和关注达到新的高度。综合来看，未来量子计算技术可能带来的网络安全威胁呈现出以下特点：一是威胁尚未成熟，但潜力不可小觑。大多数专家预计，在 15 年内，量子计算机有可能达到破解当前主流加密算法的能力。尽管这一威胁尚未迫在眉睫，但量子技术的指数级发展速度绝非传统安全观可以应对的。网络安全必须未雨绸缪。二是影响覆盖面广，触及当代网络安全的根基。从互联网通信到金融交易，从隐私保护到商业机密，当前广泛使用的公钥加密技术几乎构成了数字世界安全的基石。一旦这一基石被量子计算动摇，其影响之广泛、破坏之深远难以想象。三是防御体系亟待转型，传统加密体系面临颠覆。为防范量子计算威胁，传统的加密算法和协议必须升级换代。这不仅意味着技术层面的重大变革，也意味着标准体系、应用生态乃至安全理念的全面重塑。这是一场需要产学研用各界协同攻坚的安全变革。四是应对刻不容缓，量子安全已成共识。从政府机构到行业团体，从科技巨头到中小企业，虽然具体举措有所不同，但加速向"量子安全未来"过渡的紧迫感已成共识。抢抓量子安全风口，提前布局已成必然选择。

展望篇

主要研究机构预测性观点综述

第一节　Gartner：2024 年网络安全九大趋势

根据 Gartner 的研究，推动 2024 年主要网络安全趋势的因素包括生成式人工智能、持续威胁暴露、第三方风险、隐私驱动的应用和数据解耦及网络安全技能重塑等。为了应对这些因素的综合影响，2024 年风险管理领导者需要在其安全计划中采取一系列实践方法、技术功能和结构改革，以此提高机构韧性和网络安全绩效。

一、持续威胁暴露管理项目展现强劲势头

近年来，组织攻击面显著扩大，主要推动因素是软件即服务的加速部署、数字供应链的扩展、企业在社交媒体上的影响力的增加、定制应用开发、远程办公和基于互联网的客户交互。攻击面的增加给组织留下了潜在的盲点，以及大量需要解决的潜在风险。Gartner 预测，到 2026 年，机构通过持续威胁暴露管理项目确定安全投资优先级，安全漏洞将减少三分之二。

二、改善身份与访问管理实践，充分发挥在提升网络安全成功方面的作用

在身份优先的安全方法中，利用身份与访问管理（Identity and Access Management，IAM）取代网络安全及其他传统的安全控制措施成为安全工作的重点。采取身份优先安全策略的机构，需加强对基本的 IAM 规范以及 IAM 系统强化的关注，以提升韧性。

三、以韧性为导向、资源效率更高的第三方网络安全风险管理

随着第三方遭遇网络安全事件变得不可避免，安全和风险管理领导者更加注重以韧性为导向的安全投资，将旨在提升韧性的工作活动（如实施补偿性控制措施和加强事件响应规划等）列为优先事项。同时，提供有针对性的支持，协助优化与第三方的合作，并且影响与安全控制相关的决策。

四、隐私驱动的应用和数据解耦，在碎片化的世界中优化运营

隐私以及数据保护和本地化要求不断增多，加剧了企业应用架构和数据本地化实践的碎片化。数十年来一直以单租户应用为主的跨国企业，面临着日益增加的合规要求和持续攀升的业务中断风险。具有前瞻性的企业机构正在规划和实施不同层面的应用和数据解耦战略。Gartner 预测，到 2025 年，10%的全球企业将拥有一个以上受特定数据主权战略约束的业务单位，从而使创造相同业务价值的成本至少增加一倍。

五、生成式人工智能引发短期疑虑，但也点燃了长期希望

生成式人工智能引入了新的攻击面，需对应用和数据安全实践以及用户监控进行变革。到 2025 年，生成式人工智能的采用将导致企业机构所需的网络安全资源激增，从而使应用和数据安全支出增加 15%以上。此外，鉴于 ChatGPT 等大语言模型应用的兴起只是生成式人工智能颠覆浪潮的开端，企业需就该技术的快速演进做好应对准备。

六、安全行为和文化项目在降低人为网络安全风险方面的作用受到热切关注

当前只关注员工网络安全意识提升的普遍做法，对于减少员工行为导致的安全事件效果甚微。到 2027 年，50%的大型企业首席信息安全官将采用以人为本的安全设计实践，最大限度地减少网络安全引发的员工抵触并提升安全控制的采用率。

七、网络安全成果驱动型指标助力安全领导者有效传达网络安全价值

网络安全成果驱动型指标是包含特殊属性的安全运营指标，可以帮助利益相关者在安全投资与其所能实现的保护等级之间建立直接关联。

八、持续演变的网络安全运营模式

随着业务线继续取代 IT 职能成为技术获取、构建和交付的主体，传统的网络安全运营模式逐渐被打破。安全和风险管理领导者正在对网络安全运营模式进行调整，以满足业务部门在自主性、创新性和敏捷性方面的需求。具体而言，安全工作的决策权日益分散化；安全策略的细节逐渐交由边缘侧的业务决策者负责；针对部分治理工作建立了集中和正式的治理机制，以更好地支持业务部门的风险负责人；安全和风险管理领导者的角色也正从控制措施管理者向价值推动者演变。

九、重塑网络安全技能，助力企业机构应对未来风险

到 2026 年，50%的大型企业将使用敏捷学习作为主要的技能提升/重塑方法。网络安全团队需要围绕敏捷学习改善学习和发展计划，并基于敏捷学习，通过迭代和短期突击来优先发展实践技能。

第二节　中国计算机学会（CCF）：2024 年网络安全十大发展趋势

中国计算机学会（CCF）计算机安全专委会投票评选出了 2024 年网络安全十大发展趋势。

一、人工智能安全技术成为研究焦点

人工智能技术是当前科学与工程研究的一大热点，以 ChatGPT 为代表的生成式人工智能技术带来了通用人工智能的曙光。随着人工智能技术在众多领域的深入应用，网络安全和数据安全的问题日益突出。网络攻击的方式和手段，在人工智能技术的推动下也在不断演变，呈现出分布式、智能化和自动化的特点；与此同时，在人工智能训练和应用过程中，会遇到数据非法获

取、数据滥用、算法偏见与歧视以及敏感数据泄露等安全问题。2023 年 11 月，包括中国、美国与欧盟在内的国家代表，在全球首届 AI 安全峰会中签署了《布莱切利宣言》，一致同意加强国际合作，建立面向人工智能的监管框架。在这种背景下，人工智能安全技术被全球监管机构、行业参与者和工业界持续关注和积极参与。

二、网络安全基础设施和公共安全服务属性将得到加强

国内外学界不断就网络安全的公共服务属性进行深入讨论，并逐步扩大了将网络安全视为社会公共服务观点的影响力。在数字技术不断重塑经济和社会的背景下，网络安全的公共安全属性、非排他性和外部性不断凸显。面对迅速蔓延的网络安全威胁，单靠传统的网络安全责任机制加市场化供应模式，逐渐难以有效应对网络安全治理问题。因此，借鉴公共安全治理模式以推进网络安全公共服务机制的形成变得极为重要。网络安全基础设施作为国家安全体系的基础组成部分，其协同运作的模式将得到进一步加强，而网络安全的公共服务化也将成为网络空间治理的新趋势和新模式。

三、生成式人工智能在网络安全领域应用效果初显

2023 年 3 月，微软公司宣布推出 Microsoft Security Copilot，作为生成式人工智能在网络安全领域的一个典型代表，它能够利用大语言模型的强大表达能力和专用安全模型的专业知识，实现对复杂多变的网络安全环境的深度理解和智能决策，生成适合的防御措施和修复方案，并自动执行或辅助专业人员完成相关任务。随着大语言模型与多模态技术的日益融合加速，预计生成式人工智能将在威胁检测与响应、自动化安全防护与修复、实时威胁情报与预测，以及自适应安全策略与防御、人机协同防御等多个方面发挥更大的作用。生成式人工智能技术将在网络安全领域得到广泛应用并初步展现其显著效能。

四、供应链安全管理的重要性日益凸显

随着经济全球化和信息技术的快速发展，网络产品和服务的供应链已演变为全球性的复杂网络结构。供应链安全问题已不限于产品范畴，而是波及整个供应链的各个环节。统计显示，2023 年，受供应链安全威胁和风险攻击的比例占所有网络攻击的 50%，同比增长 78%，而专业人士中有高达 80% 的

人预计，在未来三年内，供应链攻击将成为企业面临的最大网络威胁之一。随着《关键信息基础设施安全保护条例》《网络安全审查办法》等相关法律法规的制定和施行，对供应链安全提出了更高标准的规定与要求。在数字化转型的大背景下，供应链安全不仅关系到企业的正常运营和发展，也是国家网络空间安全和社会稳定的基石。可以预见，随着安全技术的不断完善和发展，供应链安全管理的战略地位将日渐提升，其重要性也将更加凸显。

五、隐私计算成为学术界和产业界共同关注的焦点

随着《中华人民共和国网络安全法》《中华人民共和国个人信息保护法》《中华人民共和国密码法》《中华人民共和国数据安全法》《中华人民共和国民法典》等多部与数据安全相关的法律法规落地实施，中国形成了较为完备的数据安全法律体系。在此体系基础上，隐私计算得到了政策和市场需求的双重推动，产业正处于快速增长阶段。尤其在数据要素加速开放共享的新形势下，隐私计算正成为支撑数据要素流通的核心技术基础设施。该领域的技术，如联邦学习、多方安全计算、可信执行环境等，在确保数据不泄露、限定数据处理目的方面具有原生的优势。据预测，隐私计算将获得学术界与产业界更广泛的关注，并在相关技术研究中占据重要地位。

六、勒索软件攻击依然是最普遍的网络威胁形式

在全球经济发展不景气和地缘政治动荡的双重影响下，网络犯罪团伙持续涌入勒索软件攻击领域以掠取丰厚的非法利润。勒索软件攻击不仅危害个人用户的隐私和财产，还可能影响政府、医疗、教育等机构和企业的正常运行，甚至威胁到国家安全和社会稳定。随着勒索软件即服务运营模式不断成熟和勒索软件构件的兴起，勒索软件的门槛和成本显著下降，勒索攻击活动更为猖獗。据2023年数据，全球共发生了4832起勒索软件攻击事件，同比增加83%，且呈现出向全球迅速扩散的趋势。2024年，网络安全面临严峻的挑战，随着黑客组织不断更新和改进攻击策略与技术，如智能化、多重勒索常态化等，新一代的勒索软件攻击会变得更加难以预防和处置。

七、高级持续性威胁攻击成为网络空间突出风险源

在全球网络空间博弈日益激烈和国际局势不稳定的背景下，组织化程度高、策划及执行效率出众、目标针对性明确的网络攻击活动更为频繁。作为

一种针对特定目标的复杂、隐蔽和持久的网络攻击手段，高级持续性威胁攻击近年来已演化为集各种社会工程学攻击与零日漏洞利用的综合体，成为最严峻的网络空间安全威胁之一。据统计，2023 年上半年，MITRE 跟踪的 138 个高级持续性威胁组织中约有 41 个（约 30%）处于活跃状态，全年全球安全厂商共披露了 30 余个高级持续性威胁组织，表明高级持续性威胁活动呈现持续上升趋势。未来，高级持续性威胁攻防较量更趋复杂，同时高级持续性威胁事件的调查与应对趋向政治化，这无疑将在网络空间与现实地缘政治交融中构成新的风险点。

八、国产密码技术广泛应用

密码技术作为中国网络与数据安全的战略性核心技术，是国家安全的基础支撑。得益于国家政策的有力支持，我国的密码技术始终保持持续发展势头，无论是在密码算法、密码芯片、密码产品还是密码服务等方面，均取得了重大的技术进展，逐步构建了一套相对完善的商用密码体系，并赢得了国际认可。近年来，在《中华人民共和国网络安全法》《中华人民共和国密码法》《关键信息基础设施安全保护条例》等政策法规的驱动下，中国密码行业正向着成熟化与规范化方向稳步迈进。随着国家"十四五"规划及其他一系列促进数字化发展战略的深入实施，预计国产密码技术将在基础信息网络、关乎国计民生的重要信息系统、重要工业控制系统以及面向社会服务的政务信息系统中实现更为广泛的推广与应用。

九、关键信息基础设施保护成为行业新的增长点

关键信息基础设施是经济社会运行的神经中枢，是网络安全的重中之重，一旦遭到破坏、丧失功能或者数据泄露，可能严重危害国家安全、国计民生、公共利益。各行各业逐渐意识到保护关键信息基础设施的重要性。随着相关国家政策和标准的实施推行，中国对于关键信息基础设施的保护工作将迎来新的发展格局。这些法规为相关产业带来了新的发展空间和商机。据预测，中国对关键信息基础设施保护的需求将保持增长趋势，尤其在网络安全建设方面，国家重要行业及关键领域的资金投入预计将显著提升。

十、个人信息保护力度将持续加大

随着网络技术的发展和普及，个人信息的收集、使用乃至滥用问题日益

突出，个人信息保护不只关乎个人隐私权益，也事关国家安全层面，成为全球普遍关注的议题。随着《中华人民共和国个人信息保护法》《数据出境安全评估办法》《个人信息出境标准合同办法》等个人信息保护相关法律法规的发布施行，中国构建起较为完善的个人信息保护体系。2023 年 8 月，国家互联网信息办公室发布《个人信息保护合规审计管理办法（征求意见稿）》，进一步凸显了持续加强个人信息保护立法与监管的趋势。同时，加密技术、匿名化处理、人工智能和区块链等创新技术的应用，在识别和防范数据泄露和隐私侵犯方面也发挥着越来越重要的作用。未来，随着法律法规的逐步完善、公众意识的提高和技术的发展，个人信息保护的力度预计将持续加大。

第三节　毕马威：2024 年网络安全重要趋势

全球的地缘政治紧张局势，日趋复杂的监管环境以及云计算、人工智能等创新技术的广泛应用，使企业面临更加严峻的网络安全威胁和挑战。毕马威建议优先聚焦以下八大事项，采取行动，有效管理网络安全风险。

一是将网络安全和隐私安全纳入环境、社会和治理框架中，进一步提升客户满意度。二是将网络安全和隐私安全无缝地融入核心业务流程，实现信息安全管理与业务流程的结合。三是在全球网络安全和隐私安全合规的多样性及复杂性下，制定的全球合规策略确保符合各个市场的法律法规要求。四是根据不断变化的供应商风险，建立更现代化及结构化的供应商安全体系，以保障供应链的稳定性并降低潜在风险。五是积极探索人工智能的潜力，了解其可能带来的网络安全及隐私安全风险，建立人工智能安全风险治理框架，预测、评估、控制和管理人工智能相关安全风险。六是建立自动化的安全运营与态势管理体系，实现全面自动化的安全管理能力，持续管理安全风险并通过自动化的方式对安全风险进行处置。七是建立更符合多环境运营下统一的身份和访问管理体系，在保障安全的同时使访问控制管理更加人性化。八是在打造业务弹性的同时构建网络安全弹性，以保证在遭遇网络攻击期间保持关键业务的正常运行。

第二十二章

2024 年网络安全发展形势

2024 年，中国面临的网络安全威胁挑战内外叠加，形势严峻复杂。从外部看，全球范围内，地缘政治对网络空间安全的影响越来越大。组织化、规模化、集团化网络安全事件成为导致全球网络安全风险的重要因素，大国网络空间博弈将更趋激烈。美国视中国为全面战略竞争对手和网络空间最大假想敌，通过出口管制、投资审查等手段阻扰中国技术发展，对中国频繁进行网络攻击和窃密活动，不断升级对中国的遏制和打压。从内部看，产业数字化和数字产业化转型全面提速，网络安全风险加速向实体经济渗透蔓延，对中国网络安全保障提出更高要求。

第一节　网络安全风险形势展望

一、关键信息基础设施安全处于高风险期

目前，网络战成为军事战的先导并贯穿军事战始终，其中，关键信息基础设施是最主要的攻击目标，其安全问题已成为国家网络安全的重中之重。近年来，针对关键信息基础设施的高级持续性威胁、数据窃取等事件频发，各行各业关键信息基础设施都成为攻击目标，其中很多具有境外政府背景，带有明显的政治、军事或情报搜集目的。2023 年，武汉市地震监测中心遭受来自境外有政府背景的黑客组织的网络攻击。同时，分布式拒绝服务（Distributed Denial of Service，DDoS）攻击成为网络报复的重要手段，如芬兰在申请加入北约期间被黑客分子攻击，瑞典在申请加入北约期间遭受了每秒 500 Gbps 的 DDoS 攻击。华为等机构联合发布的《2023 年全球 DDoS 攻击现状与趋势分析》报告显示，2023 年 DDoS 超大规模攻击异常活跃，T 级

攻击频繁出现；攻击频次同步增加 1.6 倍，针对 DNS 服务器的攻击无论是攻击复杂度还是攻击强度均创新高。关键信息基础设施网络安全处于并将长期处于高危风险期，这种趋势在未来相当长一段时期内不会改变。随着地缘政治紧张局势不断加剧，经济社会对网络的依赖程度日益深化，关键信息基础设施安全防护更加紧迫。

二、数据泄露和数据窃密日益猖獗

非法数据交易活动隐匿猖獗。2023 年频繁曝出中国机构和公司的内部敏感信息或公民个人信息在暗网交易。奇安信等机构联合发布的《2023 中国政企机构数据安全风险分析报告》显示，数据泄露是数据安全领域的核心问题；2023 年，超过 580 亿条国内公民个人信息被泄露并在黑市交易。国外情报机构和不法分子不断窃取中国国情、军情和民情等重要敏感信息。美国国家安全局对中国西北工业大学网络实施长时间入侵攻击，窃取关键敏感数据。国家安全机关发现 2023 年以来有数百个非法涉外气象探测站点存在向国外实时传输气象数据等非法行为。

三、融合领域安全风险越发突出

随着工业互联网、车联网、物联网等新型基础设施建设速度加快，向实体经济渗透逐步深化，所带来的安全风险也越发突出。根据有关监测数据，2023 年针对车联网服务平台等的攻击量达 805 万次，同比增长 25.5%。近两年工业领域网络安全事件频发，造成正常生产生活的中断。德国燃料储存供应商 Oiltanking GmbH Group 遭受网络攻击造成燃油供应中断；白俄罗斯铁路遭到入侵并中断所有网络服务；丰田公司供应商电装公司遭到勒索软件攻击，汽车生产线被迫停工。2023 年全球工控安全事件依然层出不穷，国际物流公司 DP World 遭遇网络攻击导致约 3 万个集装箱滞留港口，黑客攻击韩国造船业并窃取军事机密，爱尔兰一家自来水公司遭遇网络攻击导致供水中断 2 天。融合领域已成为网络攻击的重要目标和网络报复的重要手段，其面临的安全风险将更为严峻复杂。

四、勒索软件攻击成为主要网络攻击形式

随着勒索病毒产业升级到软件即服务模式，勒索软件攻击的门槛大大降低，近年来呈现继续增长的趋势。《Check Point 2024 年网络安全报告》显示，

勒索软件攻击形势严重恶化，传统勒索软件和大规模勒索软件攻击均大幅增长。2023 年，全球 1/10 的机构遭遇勒索软件攻击尝试，比上一年激增 33%。卡巴斯基的研究显示，与 2022 年相比，全球目标勒索软件团体的数量增加了 30%，已知受害者数量增加了 71%。Group-IB《2023—2024 年高科技犯罪趋势报告》显示，勒索软件保持强劲增长，2023 年数据泄露网站上的公司数量同比增长 74%。CCERT 月报显示，2024 年第一季度以来，勒索病毒的攻击数量又呈现增长趋势。自 2023 年以来，中国遭受勒索软件攻击的频率明显增加，受强大经济利益诱导和地缘政治事件影响，此类安全攻击还将持续。

五、生成式人工智能技术将大大提高网络防御难度

基于强大基础模型、高质量样本数据、人类反馈强化学习三大关键能力，ChatGPT、Sora 等大模型先后面世，人工智能技术加速普及应用，并与经济社会生活更加深度融合，同时带来的网络安全风险也将随之植入。从网络攻防看，人工智能大模型加速网络武器升级进程，可实现网络漏洞"自动挖掘""底层植入"，网络攻击工具"零成本定制""一键式操作"，敏感数据和个人信息"全方位整合""推演分析情报"。从 2023 年攻击态势来看，已衍生出了 AI 生成恶意软件、网络钓鱼，AI 数据隐私攻击等多种新型攻击形式。从信息安全看，人工智能极有可能被海外势力变成发动对中国"舆论战"和"认知战"的战略武器。从社会治理看，人工智能技术将持续提升电信网络诈骗智能化、自动化水平，不断出现新型诈骗手段，加剧社会治理的压力和负担。2023 年以来，美国迅速布局人工智能大模型在网络安全领域武器化应用，谋求网络攻防技术跃升，同时不断加码对中国技术封锁。人工智能大模型技术的应用将引发新一轮网络攻防智能升级竞赛，"人工智能+网络安全"将成为未来国家网络安全战略竞争新高地。

第二节　重点领域发展展望

一、人工智能安全发展

2024 年，中国人工智能安全领域面临更加严峻而复杂的挑战。随着大语言模型、多模态大模型等生成式人工智能技术在各行各业的深入应用，社会生产力的提升将达到新的高度，智能制造、智慧城市、金融科技、医疗健康等关键领域将迎来效率革新和服务质量的显著提升。然而，技术进步的双

刃剑效应也日益显现，预计人工智能安全事件的数量将显著上升，深度伪造、网络犯罪等恶意利用人工智能技术的行为将变得更加复杂和隐蔽。

面对这样的挑战，制定和实施人工智能安全标准显得尤为重要。中国将加快步伐，建立和完善一系列人工智能安全标准，同时积极参与国际电信联盟、国际标准化组织等机构的国际标准的制定。这不仅有助于统一行业实践，更能有效减少安全漏洞，从整体上提升安全水平，确保人工智能系统的安全、可靠和可控。

2023 年，人工智能法草案已被列入国务院 2023 年立法工作计划，提请全国人大审议。预计立法进程将继续推进，为人工智能技术的健康发展提供坚实的法律保障，规范技术的研发、应用和监管，确保其在法治轨道上稳步前行。此外，《生成式人工智能服务管理暂行办法》和《互联网信息服务深度合成管理规定》等部门规章将被进一步优化和完善，以确保法规更加精准和高效地促进人工智能行业的健康发展。

技术创新方面，2024 年中国在人工智能安全领域有望取得新的突破，包括算法可解释性、对抗性样本攻击、隐私计算等方面。此外，安全大模型将成为企业保护自身数据安全的重要武器。预计会有更多的公司投身于安全大模型的建设，这些大模型具备强大的数据处理和精准安全分析的能力，能够执行诸如威胁检测、风险评估、安全事件响应等任务，为企业的网络安全保驾护航，同时推动整个安全行业的创新与发展。

在国际合作方面，中国将更加积极地参与人工智能治理的国际合作，并在世界舞台上传达中国声音。中国将致力于构建一个开放、合作、共享的国际人工智能安全治理体系，为全球人工智能的健康发展贡献中国智慧和中国方案。

二、5G 安全发展

为深入贯彻党的二十大关于"提高公共安全治理水平"的精神，认真落实党中央、国务院关于安全生产的决策部署，工业和信息化部启动了 5G 网络运行安全能力提升专项行动，旨在解决新形势下网络运行安全风险增多、运行维护难度加大等突出问题，加快构建风险可控、响应快速、制度健全的信息通信网络"大运行安全"框架，推动网络运行安全治理模式向事前预防转型，以高水平 5G 网络运行安全保障经济社会高质量发展。

一是为加快落实 5G 网络运行安全能力提升专项行动要求，各相关企业将严格落实网络运行安全主体责任，健全网络运行安全规章制度，完善安全风险分级管控和隐患排查治理双重预防机制，保障网络运行安全所需的资金、物资、技术、人员投入。如 2023 年中国移动制定预案演练、事件处置、装备管理、物资调度等系列管理办法，以 5G 网络运行安全能力提升专项行动为契机，累计梳理近五年典型故障案例 622 例，更新应急预案 1764 份。

二是 5G 网络安全管理制度持续完善，5G 网络运行安全能力提升专项行动重点部署三方面主要工作任务：建立极端事故场景、关键网络设备、高危操作岗位 3 张网络运行安全风险清单，实现安全风险底数清、管控严，坚决避免极端事故发生；补强网络保护、风险感知、事故预防、综合处置 4 类网络运行安全支撑能力，构建多维一体的网络运行安全能力体系，全方位保障 5G 网络安全稳定运行；筑牢制度、人员、文化 3 项网络运行安全保障基础，补齐制度短板、提升人员技能、深化安全理念，形成强大保障合力。

三是随着国际 5G 技术竞争加剧及西方对中国的打压，将极大激发中国 5G 技术创新能力，中国 5G 安全防护能力不断提升。在华为自研的 5G 海思芯片中断出货后，华为一直使用高通 4G 骁龙芯片延续手机业务，并在 2023 年 8 月 Mate 60 系列后重新掌握了芯片主动权。同时，外媒发布的"华为突破美国封锁，推出自主研发的 5G 芯片"等系列报道中，称赞华为 5G 芯片的技术成就，表明了华为在半导体领域的创新能力和实力。华为 5G 芯片的推出，是对美国封锁政策的挑战和反击，显示了华为在应对美国制裁方面的"灵活性和韧性"。

三、云计算安全发展

一是云原生安全正在成为保障云平台和云服务安全的战略重点。为了更加充分地利用云计算弹性、敏捷、资源池和服务化等特性，并解决应用开发及运行全生命周期面临的挑战，以云上开发为核心，以容器、服务网格、微服务、不可变基础设施以及声明式 API 为代表的云原生技术得到了广泛应用。云原生技术的发展突破了云安全原有的范畴，云原生安全将取代传统的云安全。随着云原生技术的不断发展和创新，未来云原生安全将变得更加智能化和自动化。例如，基于机器学习和人工智能的安全工具将更好地检测和预防新型威胁，而无须依赖传统的签名和规则。此外，云原生安全将与 DevOps 和持续交付流程更加紧密地集成，从而在应用程序开发和部署过程中自动化安全测试和修复。

二是零信任安全在云计算领域应用将持续深化。零信任安全模型，基于不自动信任任何用户或设备的前提，逐渐成为云计算安全的新防线。零信任模型强调持续的验证和精细化的访问控制，以减少潜在的安全风险，并确保只有经过验证和授权的个体才能访问云资源。通过采用零信任安全架构，企业可以降低安全风险、保护敏感数据、简化安全管理并提高合规性。随着企业对云服务依赖程度的加深，以及零信任模型用例的不断完善，该技术将被更广泛地融入云架构设计，在不同应用场景中大范围尝试落地零信任，实现从传统的基于边界的防御向基于身份和行为的动态防御转变。

三是人工智能赋能云计算引领安全技术革新。其一，人工智能技术正在被集成到云安全解决方案中，用于自动化威胁检测、异常行为分析、预测性安全及响应机制，可以快速识别异常行为和潜在的安全威胁，实现对攻击的早期预警和预防，提高安全运营的效率和效果。其二，自动化和智能化的安全操作可以提升云安全服务的效率和准确性。人工智能驱动的安全系统能够自动执行安全策略，减少人为干预，降低错误率。其三，人工智能使云安全解决方案能够预测和防范未来的威胁。通过学习历史数据和模式，人工智能系统可以预测潜在的安全问题，从而采取前瞻性的防御措施，增强云环境的整体安全性。

四、数据安全发展

一是政策法规将进一步细化。随着《中华人民共和国数据安全法》的深入实施，中国在数据安全领域的政策法规将进一步细化，包括数据分类分级、数据出境、个人信息保护等方面。《个人信息保护合规审计管理办法（征求意见稿）》旨在指导、规范个人信息保护合规审计活动，提高个人信息处理活动合规水平，保护个人信息权益；《促进和规范数据跨境流动规定》正式出台，适当放宽数据跨境流动条件，适度收窄数据出境安全评估范围，在保障国家数据安全的前提下，便利数据跨境流动，降低企业合规成本，充分释放数据要素价值，扩大高水平对外开放，为数字经济高质量发展提供法律保障。

二是技术创新与应用不断深化。技术是推动数据安全发展的不可或缺的关键因素。中国在数据安全领域的技术创新将持续深化，尤其是在人工智能、区块链、量子计算等前沿技术领域。例如，人工智能技术将在异常检测、威胁情报分析等方面发挥更大作用，提高数据安全管理的智能化水

平；区块链技术将有助于构建更加透明、不可篡改的数据管理体系；量子计算的发展可能带来新的加密技术，以应对未来潜在的安全威胁。同时，随着5G、物联网等新技术的普及，数据安全技术也需要适应这些新技术带来的新挑战。

三是新型安全治理服务逐步涌现。新应用场景的数据安全治理服务不断涌现。面向数据供给、流通和使用的安全保障需求，数据公证、合规认证、风险评估、安全监测预警、保险等安全类数据交易中介服务，以及数据安全监测预警、备份恢复、应急响应等配套数据安全治理服务将进一步发展壮大。例如，数据公证服务能够通过第三方认证为数据的准确性和完整性提供保障；数据合规认证能够帮助企业确保其数据处理活动遵循相关的法律法规要求；数据风险评估通过分析和评估数据安全风险，帮助企业制定有效的风险管理和缓解策略等；数据安全监测预警服务能够实时监控和分析潜在的安全威胁，及时向企业提供预警信息，以便采取预防措施。

五、物联网安全发展

一是集成安全设计成为新趋势。物联网设备的设计和开发将更加重视安全。未来，设备制造商将安全作为设计过程的核心部分，而不仅仅是附加功能。这意味着从硬件到软件，从固件到应用程序接口，都将内置先进的安全措施。例如，设备将配备强大的加密技术，以保护数据传输的安全；同时，将实现安全的启动和更新机制，确保设备在生命周期内能够抵御不断演变的威胁。此外，设备的身份验证将通过更先进的生物识别技术或基于区块链的数字身份系统来加强，从而提高整个物联网生态系统的信任度。

二是安全运营更加智能。人工智能和机器学习技术融入物联网，安全系统将自动检测和响应复杂的威胁模式。系统将不断学习和适应新的攻击策略，提供实时的安全分析和决策支持。例如，通过行为分析，智能系统可以区分正常和可疑的设备行为，快速识别潜在的安全事件并采取预防措施。此外，自动化的安全响应机制将减少对人工干预的依赖，提高处理安全事件的效率和效果。

三是隐私保护更为重要。随着用户对个人数据保护意识的提高，未来物联网解决方案将更加注重隐私保护。包括采用先进的数据匿名化和伪匿名化技术，以及实施更加严格的数据访问和处理政策。用户将更好地控制自己的数据，包括选择哪些数据可以被收集，以及如何使用数据。此外，新的隐私保护技术，如差分隐私、多方安全计算等将被集成到物联网平台中，以提供强大的隐私保护，同时允许数据的有用分析。

四是跨领域安全协作不断增强。随着物联网应用的不断扩展，不同行业和领域之间的安全威胁和挑战日益交织，更加复杂。因此，企业、政府机构和国际组织将共同努力，建立更广泛的安全协作网络，包括共享安全威胁情报、协调应急响应计划，以及共同开发跨领域的安全标准和最佳实践。通过联合协作，有效预防和应对跨行业的安全风险，提高网络安全韧性。

五是产业生态逐步完善成熟。随着物联网市场的扩大，更多专注于物联网安全的创新企业和解决方案提供商将涌现。企业作为应用实践一线，将推动物联网安全技术的发展，提供从设备安全到网络和数据安全的全方位解决方案。传统 IT 和网络安全企业也将加强在物联网安全领域的布局，通过并购、合作和自主研发等方式，拓展其物联网安全产品和服务。此外，物联网安全将成为更多行业解决方案的重要组成部分，无论是智能制造、智慧城市还是智能家居，将建立更为完善的行业领域安全生态。

六、工业互联网安全发展

工业互联网作为新一代信息技术与制造业深度融合的产物，正在推动工业生产方式、企业形态和商业模式的变革。随着工业互联网的快速发展，国家战略的推进和政策环境的优化，中国工业互联网安全产业将迎来更加坚实的发展基础。

一是政策与标准强化引领。政策方面，在国际形势和产业发展的大趋势下，预计各国将有更多的安全政策出台，引导和促进工业互联网安全的全面发展，包括对现有法规的完善细化，确保安全保障与信息化建设同步进行。标准方面，工业数据安全、分类分级防护、工控系统安全的国际标准、国家标准将被进一步制定和完善，推动引领工业互联网安全标准创新。

二是技术创新持续发力。作为推动工业互联网安全发展的核心动力。技术创新将进一步融合大数据、云计算、人工智能大语言模型、5G 和边缘计算等前沿技术，为工业互联网安全领域带来新的解决方案和防护手段。新技术的集成应用，将极大地提升安全威胁的识别、预警和响应能力，同时也为工业互联网的智能化和自动化提供支持。

三是产业结构优化调整。产业结构优化调整是工业互联网安全发展的一个重要方向。随着市场对安全产品和服务需求的增加，工业互联网安全产业结构将更加成熟和完善。安全产品将涵盖从边界防护到终端安全，从网络检测到工业安全审计的各个方面，而安全服务将更加注重风险评估、安全管理咨询以及应急响应等方面。

四是国产化替代需求提升。在国产化大趋势下，国内工业互联网产品设备将加速发展。面对国外技术和设备的依赖，国内工业领域安全产业在自主研发、提高产品的自主可控能力、减少对外部的依赖方面将进一步提高，推动保障国家安全和产业升级。

五是人才培养与队伍建设加速。人才是支撑工业互联网安全发展的关键。随着工业互联网安全风险的日益突出，应用行业、安全服务企业对具备网络安全技能且能适应复杂工业场景的复合型人才的需求日益增加。政府、高校和企业的共同努力，将推动跨界安全人才培训教育体系建设，培养和吸引更多的专业人才，服务产业发展的需求，提升整体的安全防护水平。

七、车联网安全发展

随着汽车工业与信息技术的深度融合，车辆不再是简单的交通工具，而是转变为移动的数据中心，承载着海量的信息交互与处理任务。这一转变不仅极大地提升了驾驶体验和交通效率，也带来了新的安全挑战。

一是法律法规与标准建设更加完善。2023 年 11 月 17 日，工业和信息化部、公安部、住房城乡建设部、交通运输部四部委联合发布了《关于开展智能网联汽车准入和上路通行试点工作的通知》（工信部联通装〔2023〕217号）。这意味着，从政策层面搭载 L3 和 L4 功能的智能网联汽车，将在实验道路正式具备上路测试的资格。按 2022 年规划，到 2025 年，中国将形成较为完善的车联网网络安全和数据安全标准体系，并完成 100 项以上标准研制的目标。

二是人工智能将深入影响车联网安全。伴随着近年来人工智能技术的突飞猛进，它将对车联网安全产生深远的影响，一方面，人工智能技术可以帮助分析车联网中海量的数据，从而帮助攻击者或安全人员找到潜在的漏洞以对其进行利用或修补，关于车联网安全的攻防工具将会迎来进一步升级。另一方面，以特斯拉 FSD V12 为代表的通过真实行车数据进行深度学习的自动驾驶技术可能引来全新的车联网安全风险，在更新说明中，特斯拉 FSD V12 宣称去掉了 30 万行 C++代码，转而使用端到端的神经网络模型进行替代。基于代码逻辑的安全技术已经开始向全面黑盒化的端到端大模型转变，关于车联网安全，可能将迎来它的"ChatGPT时刻"。

三是数据安全与隐私保护越发受到关注。车联网技术可以追踪车辆的位置和行驶轨迹，可能泄露个人的行动轨迹和日常习惯，不仅侵犯个人隐私，甚至对人身安全也将产生巨大威胁。面对日益突出的车联网数据安全和隐私保护问题，政府、车联网行业和用户应携手努力解决。政府和行业组织可通过制定相关的法律法规和政策，要求车联网技术提供商和汽车制造商对个人数据进行保护，并明确告知用户数据的收集和使用方式。车联网行业应使用加密技术确保车辆数据在传输过程中的安全，防止数据被窃取或篡改，并及时修复和更新车辆系统中的安全漏洞，确保车辆系统的安全性。

八、区块链安全发展

2023年，中国区块链技术和产业迎来新的发展高潮，中央网信办发布的《中国区块链创新应用发展报告（2023）》显示，中国区块链顶层设计不断完善，自主创新能力显著提升，服务实体经济和提升公共服务能力的创新应用不断涌现，产业规模持续扩大。

展望未来，区块链技术将朝着更高效、更安全的方向发展。一是技术不断创新与进步，随着区块链技术的不断发展，未来区块链核心技术如加密算法、共识机制、智能合约等将不断创新与优化，提高区块链系统的安全性和可靠性。二是政策环境持续优化，政府将不断提升对区块链技术及安全的重视程度，政策制度将更加全面和细化，为区块链安全发展提供良好的政策环境。三是行业标准建设加速，区块链安全规范、技术规范、行业应用等相关标准工作将持续推进，加速行业标准统一，不断加强区块链的安全性和兼容性。四是产业生态更加完善，区块链产业生态加速建设，产学研协同发展，推动区块链技术与各行业深度融合，加快安全、创新的区块链应用落地。五是跨领域融合加深，区块链技术与AI、大数据、云计算、物联网等新技术深度融合，推动跨行业、跨学科的技术融合创新和应用探索。六是安全监管技术不断发展，随着区块链安全问题频繁发生，监管技术将不断发展，这包括但不限于实时监控技术、链上数据分析技术、安全风险预警技术等，以提高区块链监管效率和响应速度。同时，加强对区块链应用平台的监管，防止非法活动和恶意攻击。七是国产生态不断壮大，构建强大的国产生态是中国区块链安全发展的关键，区块链技术的自主创新将不断加强，以形成具有自主知识产权的区块链技术产品和服务。同时，随着国际合作与交流进一步加强，通过对全球先进技术和经验研究，中国区块链技术的国际竞争力将不断提升。

未来，区块链技术将不断构建新的信任网络，区块链系统将具有更高的透明性和可信度，区块链系统架构将更加注重数据安全和隐私保护，这将全面推动数字货币、商品溯源及供应链管理等区块链商业模式的发展，进一步提升区块链技术市场潜力。

九、量子安全发展

作为新一代信息技术和第四次科技革命的关键组成部分，量子信息技术常被视为引领未来数字技术革命、推动数字经济增长的关键推动力。伴随着量子科技发展步入"快车道"，量子产业化的步伐已然开启，量子计算机将从根本上冲击甚至颠覆现有数据加密体系已成为普遍共识。量子计算技术对经典信息加密体系带来了冲击，但量子加密技术为各国重新建立安全、不可破译的数据信息安全体系提供了可能。在频繁变革的地缘政治环境中，量子网络安全、国家安全至关重要。搭建后量子密码平台并研制具有国际竞争力的后量子密码芯片对于中国加快抢占后量子密码国际优势地位，帮助组织、系统和用户实现更安全的量子未来具有重要意义。

面对量子安全新形势、新任务、新要求，应树立量子安全观，未雨绸缪，布局量子安全发展，为积极应对量子网络攻击形成中国智慧、中国方案。首先是制定应对新兴技术带来的量子网络安全威胁的方案，建立量子通信基础设施网络的长远目标与网络安全领域当前需求之间的量子过渡协调行动计划，以应对短期量子网络安全威胁。同时制定关于量子安全的标准和最佳实践，从资源投入、时间成本、业务风险、维护成本、用户体验、商业影响六个方面评估迁移条件，以确保量子加密技术能够在各种环境中有效且安全的部署。其次是持续加大对后量子密码算法的研发投入。在理论安全层面，进一步明确后量子密码算法所依赖的复杂问题的安全性，研究后量子密码算法安全内生机理。在应用安全层面，充分调动"政产学研"各方优势力量，通过完善算法模型审核、算法安全风险评估、算法全生命周期安全监测等技术手段，推动后量子密码安全技术能力稳步提升。最后是组建量子安全产业联盟，发挥其在政策执行、研发投入、标准化研制等环节中的聚合力，将后量子密码研发纳入国家高新技术产业和前沿科技发展的重点研发计划与重大专项中，着力形成多元化、体系化产业发展力量，为后量子密码发展营造安全稳定、互联共生、开放包容的生态空间。总体而言，量子安全是量子信息行业和信息安全行业的研究热点和投入重点，应在技术研究、商业化和标准化等方面加大投入和支持力度，并及时将国家安全的关注重点适度嵌入量子安全的发展议程。在促进量子信息技术和产业发展生态更加稳健、具有活力的基础上，构建量子安全发展新格局。

第三节　重点行业发展展望

一、信息安全产品及服务发展

一是信息安全政策环境将不断优化。随着新技术新应用的不断涌现，信息安全政策环境将不断优化。一方面，面向人工智能、5G 等新技术新应用的法律和政策将不断完善，行政管辖规则、数字技术安全规范、司法解释制度将不断革新；另一方面，数据分类分级、风险评估、数据出境等重点工作的规范和要求将进一步细化，关键细分领域技术标准将持续更新。

二是信息安全市场规模将持续扩大。随着中国网络安全等级保护 2.0、商用密码应用等政策的加快落地实施，以及新型工业化的高质量发展，政企用户对信息安全的关注度加速提升。在新型工业化发展的大背景下，5G、工业互联网等新一代信息技术将与工业生产活动深度融合，在传统工业数字化、网络化、智能化进程中，信息安全技术、产品与服务的供需量有望大幅上涨，这将促进中国信息安全产品与服务市场规模不断扩大，产业规模有望持续增长。

三是智能化、主动化将成为信息安全产品与服务的竞争关键。随着人工智能合成技术的发展，尤其是 GPT 大模型的出现，全球网络攻击升级，攻防对抗变得日益激烈，传统信息安全防护措施越来越难以有效预测与应对潜在威胁，信息安全产品与服务的防护理念将从立足边界防护的"被动防御"逐步转向"主动防护"，智能化信息安全产品的重要价值将越发凸显，恶意代码自主检测、异常行为自主分析、敏感数据自主保护等技术产品的规模化应用势在必行。

四是"融合"与"协同"的安全架构将进一步完善。信息安全不再是一个单纯的技术问题，而是涉及多领域的系统工程。对于日益严峻的外部形势和复杂多样的内部需求，传统信息安全思维已无法应对日益复杂严峻的安全挑战，新机遇和新挑战促进安全能力深化已成定局。未来有望打破安全各自为战的局面，构建新型安全架构，融合现有防御资源，组成自上而下、由外向内的协同机制，以安全和业务统建统管为基础，形成具有自学习、自适应、循环演进的安全能力，筑牢面向未来的可信可控信息安全屏障。

二、网络可信身份服务发展

随着互联网技术的飞速发展，网络可信身份服务行业在近年来崭露头角，成为网络安全领域的重要组成部分。在未来，网络可信身份服务行业将呈现出以下发展趋势：

一是法律法规逐步完善。网络可信身份服务行业的发展离不开法律法规的保驾护航。未来，中国将持续加强网络可信身份服务领域的立法工作，完善相关法律法规体系，对网络身份验证技术、数据安全、隐私保护等方面进行明确规定，为行业发展提供法治保障。同时，政府还将加大对网络可信身份服务行业的监管力度，确保企业合规经营，切实保障用户权益。

二是技术创新为行业发展带来新的动力和增长潜力。区块链、Web3.0技术去中心化、不可篡改的特点，将为网络身份认证提供更加安全、可靠的基础；人工智能技术的进步提高了身份验证的准确性和效率。区块链、Web3.0、人工智能、云计算等技术的不断成熟，将进一步提升网络可信身份服务的安全性和用户体验，网络可信身份服务行业将迎来新一轮的增长潜力。

三是行业应用场景不断向纵深拓展。随着网络可信身份服务技术的日益成熟和应用领域的不断拓展，未来这一服务将更深入地渗透至金融、医疗、教育、社交等多个关键领域。例如，在金融领域，网络可信身份服务可以显著提升对金融欺诈、洗钱等风险的防范能力；在医疗领域，它有助于保护患者隐私和医疗数据安全；在教育领域，它能够提高学历学位认证的准确度与便捷度。此外，网络可信身份服务还将助力智慧城市建设，为城市居民提供便捷、安全的公共服务。可信数字身份将在更多领域向纵深赋能，推动实现更多国家级、地区级、行业级的创新应用，助推数字经济快速发展。

四是数据安全与隐私保护将成为行业发展的关注焦点。随着网络可信身份服务行业的快速发展，数据安全和用户隐私保护问题日益受到重视。展望未来，行业将逐步加大对数据安全和隐私保护的投入，从技术、管理和法律等多个层面，确保个人信息的安全。同时，企业也应通过持续创新和优化服务，为用户提供更加安全、可靠的网络可信身份服务。

五是行业标准化和规范化进程将显著加快。标准化和规范化是网络可信身份服务行业持续健康发展的重要保障，为促进网络可信身份服务行业的健康、有序发展，政府、行业协会和企业将共同推动网络可信身份服务标准的制定和实施，规范行业经营行为，提升行业整体水平。同时，行业还将加大对从业人员的培训和考核力度，提高从业人员的专业技能和职业素养。

三、电子认证服务发展

电子认证是利用公钥基础设施技术实现网络实体身份管理及验证的技术。移动互联网、电子政务、电子商务等领域广泛采用电子认证技术，保障其信息通信的保密性、完整性和不可抵赖性。公钥基础设施架构包括电子认证服务机构、用户和依赖方 3 种角色。电子认证服务机构向用户签发数字证书（包括公钥和私钥），用户通过私钥实现签名或加密，依赖方利用公钥对用户身份和签名进行验证，其中，电子认证服务机构是 PKI 架构的信任根节点。

"互联网+"战略的实施加速了传统行业与互联网的深度融合，互联网应用更加丰富。但部分电子认证服务机构传统业务相对固定，创新研发动力不足，人员及资金投入较少，难以及时对新应用新模式的业务流程和安全需求进行深度挖掘，技术创新滞后于产业需求。面对云计算、大数据、区块链、生物识别等新技术的不断发展，缺乏有效的融合手段，需从行业场景、技术类型、应用区域等方面进行创新。

随着国家网络信任体系建设力度不断加大，为满足数字经济时代发展的新需求，结合当前形势和中国网络安全产业发展现状，电子认证服务行业将从以下几个方面出发，赋能新型工业化事业。一是提高电子认证服务的安全性。随着网络安全威胁的不断升级，电子认证机构将采用更加先进和复杂的技术手段来保障用户的身份和交易安全，如更高级别的加密算法、实施更严格的身份验证流程以及建立更完善的监控和应急响应机制。二是推广电子认证服务应用模式。随着智能手机和移动互联网的普及，电子认证服务将越来越多地融入人们的日常生活中。通过通信设备、电子证件与电子认证服务融合的方式，打破依赖传统的纸质文件和物理签名传统方式，便捷服务流程。三是拥抱区块链等新兴数字技术。未来，电子认证服务将与区块链技术深度融合，应用区块链技术去中心化、不可篡改和透明可追溯的特性，为电子认证服务提供更加可靠和高效的技术支持，实现更高效的身份验证、数据共享和信任建立，为各行各业提供更加便捷和安全的电子交易环境。

附录

2023 年网络安全大事记

1 月

3 日，工业和信息化部等十六部门发布《工业和信息化部等十六部门关于促进数据安全产业发展的指导意见》。

4 日至 5 日，全国网信办主任会议在京召开。

2 月

22 日，国家互联网信息办公室发布《个人信息出境标准合同办法》，自 2023 年 6 月 1 日起施行。

28 日，中央网信办在天津召开全国网络法治工作会议。

3 月

15 日，国家市场监督管理总局、中央网信办、工业和信息化部、公安部发布《关于开展网络安全服务认证工作的实施意见》。

22 日，国家互联网信息办公室发布《促进和规范数据跨境流动规定》，自 2024 年 3 月 22 日起施行。

31 日，为保障关键信息基础设施供应链安全，防范产品问题隐患造成网络安全风险，维护国家安全，依据《中华人民共和国国家安全法》《中华人民共和国网络安全法》，网络安全审查办公室按照《网络安全审查办法》，对美光公司（Micron）在华销售的产品实施网络安全审查。

4 月

12 日，国家互联网信息办公室、工业和信息化部等 5 部门联合发布《关于调整网络安全专用产品安全管理有关事项的公告》。

20 日，工业和信息化部、中央网信办、国家发展改革委等 8 部门联合发布《关于推进 IPv6 技术演进和应用创新发展的实施意见》。

27 日，中央网信办、国家发展改革委、工业和信息化部联合印发《深入推进 IPv6 规模部署和应用 2023 年工作安排》。

27 日至 28 日，第六届数字中国建设峰会在福州海峡国际会展中心举行，本届峰会以"加快数字中国建设，推进中国式现代化"为主题。

5 月

1 日，中国第一项关于关键信息基础设施安全保护的国家标准 GB/T 39204—2022《信息安全技术 关键信息基础设施安全保护要求》正式实施。

7 日，2023 西湖论剑·数字安全大会在杭州成功举办，本次大会以"数字安全@数字中国"为主题。

23 日，中国首个区块链技术领域国家标准《区块链和分布式记账技术参考架构》（GB/T 42752—2023）正式发布，自 2023 年 12 月 1 日起施行。

24 日，国务院发布《商用密码管理条例》，自 2023 年 7 月 1 日起施行。

30 日，国家互联网信息办公室发布《个人信息出境标准合同备案指南（第一版）》。

6 月

2 日至 3 日，由中国电子学会主办的 2023 网络空间安全大会在浙江杭州召开。本届大会以"网络空间安全新趋势、新模式、新业态"为主题。

6 日，国家互联网信息办公室发布《近距离自组网信息服务管理规定（征求意见稿）》，向社会公开征求意见。

7 月

2 日，工业和信息化部、国家金融监督管理总局联合印发《工业和信息化部 国家金融监督管理总局关于促进网络安全保险规范健康发展的意见》。

3 日，国家互联网信息办公室会同工业和信息化部、公安部、国家认证认可监督管理委员会等部门发布了关于调整《网络关键设备和网络安全专用产品目录》的公告，自 2023 年 7 月 3 日起施行。

7 日，国家互联网信息办公室发布《网络暴力信息治理规定（征求意见稿）》，向社会公开征求意见。

10 日，国家互联网信息办公室、国家发展改革委、教育部、科技部等七部门联合发布《生成式人工智能服务管理暂行办法》，自 2023 年 8 月 15 日起施行。

18 日，工业和信息化部、国家标准化管理委员会联合印发《国家车联网产业标准体系建设指南（智能网联汽车）（2023 版）》。

8 月

3 日，国家互联网信息办公室发布《个人信息保护合规审计管理办法（征求意见稿）》，向社会公开征求意见。

8 日，国家互联网信息办公室发布《人脸识别技术应用安全管理规定（试行）（征求意见稿）》，向社会公开征求意见。

8 日，国家认监委发布《关于修订网络关键设备和网络安全专用产品安全认证实施规则的公告》。

9 月

1 日，国家互联网信息办公室依据《中华人民共和国网络安全法》《中华人民共和国个人信息保护法》《中华人民共和国行政处罚法》等法律法规，对知网（CNKI）依法作出网络安全审查相关行政处罚的决定，责令停止违法处理个人信息行为，并处以 5000 万元罚款。

22 日，中央网信办在北京召开全国网络辟谣联动机制第一次全体会议。

25 日，最高人民法院、最高人民检察院、公安部联合发布《关于依法惩治网络暴力违法犯罪的指导意见》，规定检察机关对严重危害社会秩序和国家利益的侮辱、诽谤犯罪行为，应当依法提起公诉，对损害社会公共利益的网络暴力行为可以依法提起公益诉讼。

26 日，国家密码管理局发布《商用密码应用安全性评估管理办法》和《商用密码检测机构管理办法》，自 2023 年 11 月 1 日起施行。

28 日，国家互联网信息办公室发布《规范和促进数据跨境流动规定（征求意见稿）》，向社会公开征求意见。

10 月

9 日，工业和信息化部发布《工业和信息化领域数据安全风险评估实施细则（试行）（征求意见稿）》，向社会公开征求意见。

16 日，国务院发布《未成年人网络保护条例》，自 2024 年 1 月 1 日起施行。

23 日，工业和信息化部发布《工业和信息化领域数据安全行政处罚裁量指引（试行）（征求意见稿）》，向社会公开征求意见。

24 日，工业和信息化部发布《工业互联网安全分类分级管理办法（公开征求意见稿）》，向社会公开征求意见。

25 日，国家数据局挂牌成立。

11 月

2 日，财政部、国家互联网信息办公室联合发布《会计师事务所数据安全管理暂行办法（征求意见稿）》。

12 月

8 日，国家互联网信息办公室发布《网络安全事件报告管理办法（征求意见稿）》，向社会公开征求意见。

10 日，国家互联网信息办公室与香港特区政府创新科技及工业局共同发布《粤港澳大湾区（内地、香港）个人信息跨境流动标准合同实施指引》。

14 日，工业和信息化部发布《工业和信息化领域数据安全事件应急预案（试行）（征求意见稿）》，向社会公开征求意见。

15 日，国家数据局发布《"数据要素×"三年行动计划（2024—2026 年）（征求意见稿）》，向社会公开征求意见。

19 日，工业和信息化部和国家标准化管理委员会联合发布《工业领域数据安全标准体系建设指南（2023 版）》。

后　记

  本书由中国电子信息产业发展研究院编撰完成，共 6 篇 22 章，总结了 2023 年网络安全发展情况，分领域、分行业剖析了网络安全面临的主要问题，并对 2024 年网络安全发展形势进行了展望。本书展现了中国电子信息产业发展研究院对网络安全态势的总体理解，以及对网络安全问题和趋势的深入洞察力，为各级政府部门、相关企事业单位和社会各界人士研究网络安全问题、把握网络安全发展现状及趋势提供了参考。

  本书由朱敏担任主编，温晓君担任副主编。本书各部分撰写人员如下：前言由闫晓丽撰写，第一章由王超撰写，第二章由张博卿撰写，第三章至第五章由王昊川撰写，第六章由杨一珉撰写，第七章由李东格撰写，第八章由郝依然撰写，第九章由李立雪撰写，第十章和第十一章由邓攀科撰写，第十二章由王璠撰写，第十三章由周鸣爱撰写，第十四章由庞林源撰写，第十五章由周千荷撰写，第十六章由孟雪撰写，第十七章由李宜谦撰写；第十八章至第二十章由韩冰撰写；第二十一章由李倩撰写，第二十二章由魏书音及专题篇、行业篇的撰写人员共同完成。杨一珉整理了附录，温晓君对全书进行了统稿。

  本书在编写过程中得到了相关部门领导及行业专家的大力支持和耐心指导，在此一并表示诚挚的感谢。由于笔者能力和水平有限，本书难免存在疏漏和不足之处，敬请广大读者和专家批评指正。

中国电子信息产业发展研究院

赛迪智库

面 向 政 府 · 服 务 决 策

奋力建设国家高端智库

思想型智库　国家级平台　全科型团队
创新型机制　国际化品牌

《赛迪专报》《赛迪要报》《赛迪深度研究》《美国产业动态》《赛迪前瞻》

《赛迪译丛》《国际智库热点追踪周报》《工信舆情周报》《国际智库报告》

《新型工业化研究》《工业经济研究》《产业政策与法规研究》《工业和信息化研究》

《先进制造业研究》《科技与标准研究》《工信知识产权研究》《全球双碳动态分析》

《中小企业研究》《安全产业研究》《材料工业研究》《消费品工业研究》《电子信息研究》

《集成电路研究》《信息化与软件产业研究》《网络安全研究》《未来产业研究》

思想，还是思想，才使我们与众不同
研究，还是研究，才使我们见微知著

新型工业化研究所（工业和信息化部新型工业化研究中心）
政策法规研究所（工业和信息化法律服务中心）
规划研究所
产业政策研究所（先进制造业研究中心）
科技与标准研究所
知识产权研究所
工业经济研究所（工业和信息化经济运行研究中心）
中小企业研究所
节能与环保研究所（工业和信息化碳达峰碳中和研究中心）
安全产业研究所
材料工业研究所
消费品工业研究所
军民融合研究所
电子信息研究所
集成电路研究所
信息化与软件产业研究所
网络安全研究所
无线电管理研究所（未来产业研究中心）
世界工业研究所（国际合作研究中心）

通讯地址：北京市海淀区万寿路27号院8号楼1201 邮政编码：100846
联系人：王 乐   联系电话：010-68200552 13701083941
传 真：010-68209616   电子邮件：wangle@ccidgroup.com